矿山机械修理与安装

主编　李　凡
主审　张金贵

重庆大学出版社

内容提要

本书介绍了矿山机械修理及安装的基本方法，并且详细介绍了混凝土基础的施工方法、起重的相关知识和工程进度表的编制方法，因而此教材的内容较为全面和系统。

本书系高等职业技术学院矿山机电类的专业教材，也可作中职相关专业教材和供从事矿山机械设备管理、维修和安装的工程技术人员参考。

图书在版编目(CIP)数据

矿山机械修理与安装/李凡主编.—重庆:重庆大学出版社,2009.10(2021.12 重印)
(机电一体化技术专业及专业群教材)
ISBN 978-7-5624-5100-6

Ⅰ.矿… Ⅱ.李… Ⅲ.①矿山机械—机械维修—高等学校:技术学校—教材②矿山机械—设备安装—高等学校:技术学校—教材 Ⅳ.TD407

中国版本图书馆 CIP 数据核字(2009)第 161442 号

机电一体化技术专业及专业群教材
矿山机械修理与安装
主编 李 凡
主审 张金贵
责任编辑:周 立 版式设计:周 立
责任校对:邬小梅 责任印制:张 策
*
重庆大学出版社出版发行
出版人:饶帮华
社址:重庆市沙坪坝区大学城西路 21 号
邮编:401331
电话:(023) 88617190 88617185(中小学)
传真:(023) 88617186 88617166
网址:http://www.cqup.com.cn
邮箱:fxk@cqup.com.cn (营销中心)
全国新华书店经销
POD:重庆新生代彩印技术有限公司
*
开本:787mm×1092mm 1/16 印张:10.5 字数:262 千
2009 年 10 月第 1 版 2021 年 12 月第 5 次印刷
ISBN 978-7-5624-5100-6 定价:38.00 元

序

本套系列教材，是重庆工程职业技术学院国家示范高职院校专业建设的系列成果之一。根据《教育部 财政部关于实施国家示范性高等职业院校建设计划 加快高等职业教育改革与发展的意见》（教高[2006]14 号）和《教育部关于全面提高高等职业教育教学质量的若干意见》（教高[2006]16 号）文件精神，重庆工程职业技术学院以专业建设大力推进“校企合作、工学结合”的人才培养模式改革，在重构以能力为本位的课程体系的基础上，配套建设了重点建设专业和专业群的系列教材。

本套系列教材主要包括重庆工程职业技术学院五个重点建设专业及专业群的核心课程教材，涵盖了煤矿开采技术、工程测量技术、机电一体化技术、建筑工程技术和计算机网络技术专业及专业群的最新改革成果。系列教材的主要特色是：与行业企业密切合作，制定了突出专业职业能力培养的课程标准，课程教材反映了行业新规范、新方法和新工艺；教材的编写打破了传统的学科体系教材编写模式，以工作过程为导向系统设计课程的内容，融“教、学、做”为一体，体现了高职教育“工学结合”的特色，对高职院校专业课程改革进行了有益尝试。

我们希望这套系列教材的出版，能够推动高职院校的课程改革，为高职专业建设工作作出我们的贡献。

重庆工程职业技术学院示范建设教材编写委员会

2009 年 10 月

前言

根据机电一体化(矿山方向)专业的培养方案,该专业是为煤矿企业培养技术管理和应用型的高技能人才,具体来说就是从设备的选型、安装、维护运行、修理到设备的更新改造进行全过程的管理和实施。本课程的内容涉及设备的安装及修理,因此它是本专业必修的专业课之一,也是该专业的核心课程。本课程的目的是基于学生今后工作的实际工作过程,让学生能够比较系统地掌握矿山机械检修与安装的基本理论和方法,使教学与实际工作更加接近,缩短课堂与就业之间的距离。

本书由重庆松藻煤电公司机电副总工程师张金贵主审,特在此表示衷心的感谢。

本书作者在编写过程中,融入了自己三十多年来的实际设备安装施工经验,也到重庆南桐矿业公司、重庆松藻煤电公司等企业进行了调研,许多工程技术人员和校友都提出了很多宝贵意见,在这里一并表示诚挚的感谢。限于编者水平,书中难免存在疏漏之处,敬请读者批评指正。

编　者

2009 年 4 月

目录

课程引入

机器在运转中，随时间的推移，其零部件必然要发生磨损和损坏，处在恶劣条件下工作的煤矿机械更是如此。因此我们要加强技术管理、合理使用设备、加强设备的维护，及时、高质量地检修设备，以降低零部件的损耗率，延长修理周期和使用寿命，满足煤炭生产的需要。

一、煤矿机械修理和安装工作的重要性

机器由于其零件不断地受到摩擦、冲击、高温或介质的腐蚀作用而逐渐磨损，如果运转和维护不良、操作失当以及修理、安装质量不符合要求，还会引起过早磨损，致使零件的几何形状、尺寸或金属表面性质发生变化，从而导致零件的精度及其使用性能的丧失。当这种情况超过一定限度时，将缩短机器的寿命，严重时还会出现设备事故和人身事故。

实践证明，掌握机器的人们，只要努力认识零部件磨损和损坏的规律，正确操作，精心维护保养，及时进行修理以及高质量地安装，就能使机器经常处于正常运转状态，使其发挥更大的效能。

安装工作是设备进入生产环节的第一关，安装质量的好坏直接影响到设备是否能无故障、长时间的可靠运转，它也直接影响到设备的寿命。因此设备的安装质量是非常重要的。

二、我国煤矿机械修理和安装技术的发展概况

新中国成立前，由于我国的工业极其落后，煤矿中的设备既破旧，又残缺不全，而且型式杂乱，生产效率极低。广大工人文化技术落后，所以，对设备的修理和安装工作无论是操作技术或理论水平都很低下，更没有专业的修理队伍。

新中国成立后，煤矿中机械设备的数量和品种增加很快，修理和安装技术也相应发展起来。目前已经积累了较丰富的经验，有了各种性质的专业队伍，制订了比较完整的技术操作规范和规章制度，技艺不断提高，可以进行各种复杂和大型设备的修理和安装工程。今后除了应继续总结先进的操作经验外，还应多从事些专题研究，使我国的机械修理和安装工作得到更大的发展。

三、煤矿机械修理与安装工作的特点

1. 现代煤矿机械种类、型号很多，构造复杂，精度较高，要求修理工作技术全面。由于很多

修理工作在室外或井下等恶劣环境下进行，所以要求修理工作安全可靠。

2. 煤矿固定设备的修理安装，一般要求施工时间短，工作量大，质量可靠。

3. 煤矿机械中的水管、风管(风包)、油管及液压零部件等修理后必须满足防漏、防腐及防爆的要求。在机械、电气维修中必须要满足有关规程和标准。

模块1 矿山机械的修理

学习情境1 离心式水泵的修理与装配

任务导入

水是煤矿生产一害，涌水量的大小与季节有关，在雨季，井下水就要增加，为了确保矿井安全，主水泵的中修和大修时间一定要安排在雨季前，主水泵中修为6个月一次，大修为12个月一次。

学习目标

1. 能读懂水泵装配图。
2. 能正确拆卸离心式水泵。
3. 能正确地对离心式水泵的零部件进行检查与修理。

4. 能正确地对水泵进行装配与调整。

5. 能正确地使用工具。

6. 能在施工过程中正确进行安全控制和质量控制。

任务1 水泵装配图的识读

煤矿排水设备用高扬程泵较多,多采用多级离心式水泵,主水泵常用型号有D型(见图1.1)、MD型;辅助排水泵常用型号有B(见图1.2)型、BQW型。

图1.1 D型泵

任务2 离心式水泵的拆卸及注意事项

水泵的拆卸是检修的一个重要工序,在拆卸过程中一定要按照拆卸程序并注意操作方法,如拆卸不当会造成零件损坏。同时水泵上井后应及时拆卸,这样拆卸容易,如停放过久会增加拆卸的困难。

结构不同的各种离心式水泵的拆卸方法基本相同,这里只介绍D型多级离心式水泵的拆卸方法。

一、拆卸程序(见图1.3)

1. 用管子钳取下回水管(平衡水管)和注水漏斗。

2. 取下联轴器。

3. 用扳手拧下轴承体与进水段的连接螺栓和轴承体与尾盖的连接螺栓。沿轴向分别取下两边的轴承体,然后再从轴承体中取下轴承。取下挡水圈。

4. 用扳手拧下前段上和尾盖上的填料压盖螺母,分别沿轴向取下填料盖,然后用钩子钩出填料室中的盘根及水封环。

5. 用扳手拧下尾盖与出水段的连接螺母,然后用扁錾或特制的楔插在连接缝内轻轻将尾盖挤松,沿轴向将尾盖取下。

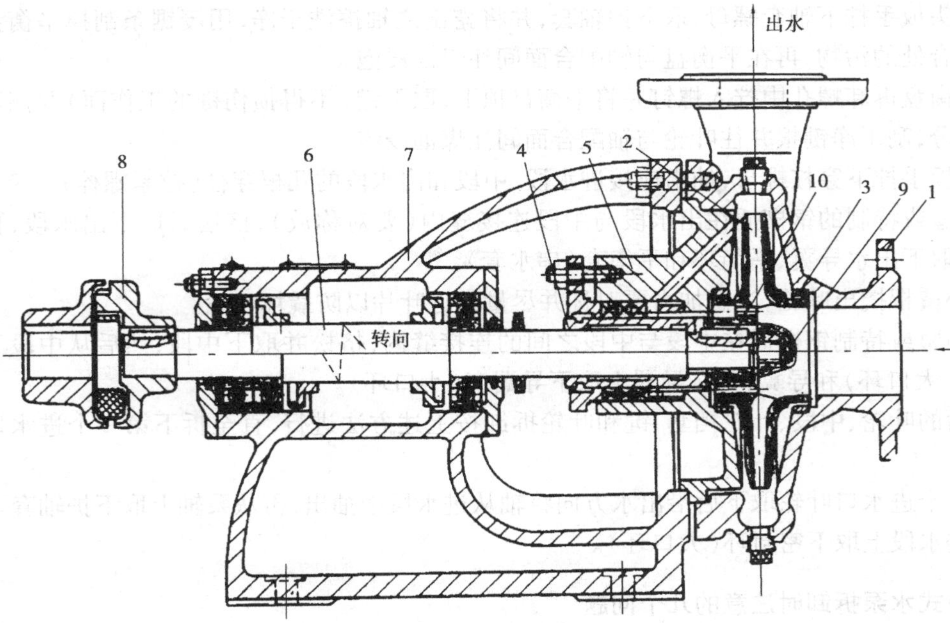

图 1.2　B 型泵的构造

1—泵体；2—叶轮；3—密封环；4—轴套；5—泵盖；6—泵轴；7—托架；
8—联轴器；9—叶轮螺母；10—键

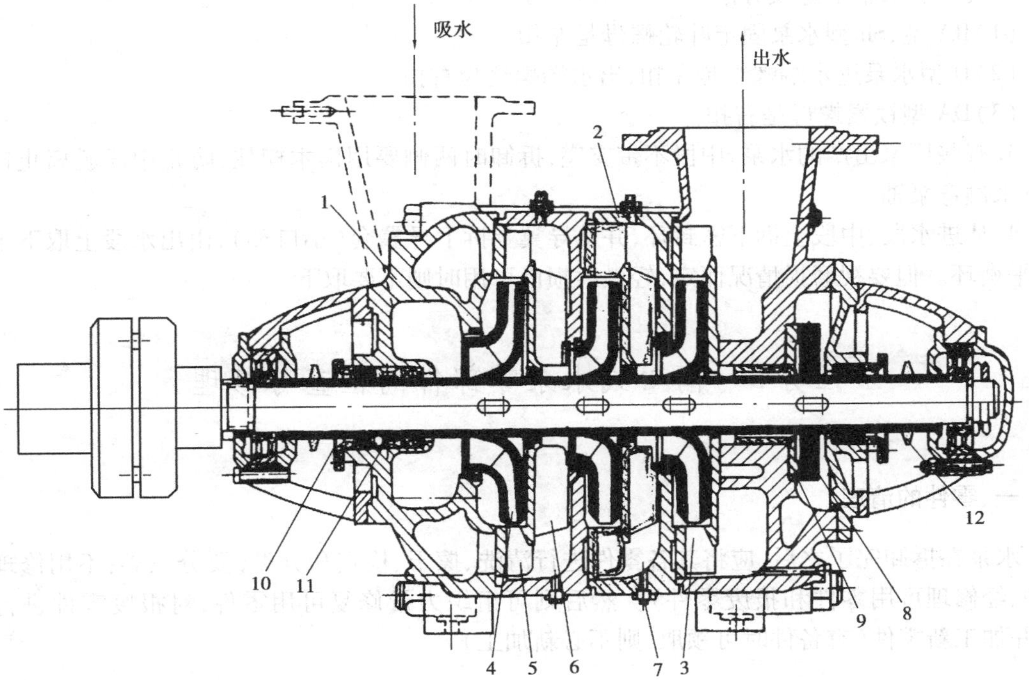

图 1.3　200D×3 离心式水泵装配图

1—进水段；2—中间段；3—出水段；4—第一级叶轮；5—导水圈叶片；
7—放水孔；8—平衡盘；9—平衡座；10—填料压盖；11—水封环；12—挡水圈

6. 用钩头扳手拧下轴套螺母,取下护轴套,并将露出之轴擦洗干净,用废锯条刮掉平衡盘根部与轴结合处的污物,再在平衡盘与轴配合面间注煤油浸泡。

7. 在平衡盘拆卸螺孔中拧入螺钉并将平衡盘顶下,取下键(不得损伤键的工作面)并擦洗轴的露出部分,刮干净键根并往叶轮与轴配合面间注煤油浸泡。

8. 用大扳手拧下穿杠螺母,抽出连接进水段、中段和出水段的几根穿杠(拉紧螺栓)。

9. 用扁錾或特制的钢楔插在出水段与中段连接缝内(要对称放),挤松后取下出水段,再由出水段上取下出水导翼、平衡环和平衡套(串水套)。

10. 用小撬棍撬出叶轮,注意加力要对称并尽量靠近叶片以防撬坏叶轮。

11. 用扁錾或特制钢楔插在中段与中段之间的连接缝内,挤松并取下中段,然后从中段上取下密封环(大口环)和导翼,再从导翼上取下导翼套(小口环)。

12. 以后的叶轮、中段、叶轮挡套、键和叶轮拆卸按上述方法进行,直至拆下第一个进水口叶轮为止。

13. 第一个进水口叶轮取下后沿出水方向将轴从进水段中抽出,再从泵轴上取下护轴套。

14. 由进水段上取下密封环(大口环)。

二、离心式水泵拆卸时注意的几个问题

1. 在解体泵体、进水段、中段和出水段之前,要对进水段、中段和出水段原装配位置进行编号,以便检修后装配,编号可采用钢号码、錾刻、油漆写等。

2. 要注意泵轴上螺纹方向

(1)BA 型、Sh 型水泵固定叶轮螺母是左扣。

(2)D 型水泵进水端螺纹是左扣,出水端螺纹为右扣。

(3)DA 型锁紧螺母是右扣。

3. 有些厂家出产的水泵,中段不带支座,拆卸时两侧要用楔木楔住,防止中段脱离止口后掉下来碰弯泵轴。

4. 从进水段、中段上拆下密封环,并从导翼上拆下导翼套(小口环),由出水段上取下平衡套、平衡环。但要视磨损情况而定,轻微磨损尚可用时则不要取下。

任务 3　离心式水泵零部件的检查与修理

一、零件的清理

水泵在拆卸完了之后,应将其各零件进行清洗、擦干、检查和分类(要分三类:不用修理的零件、经修理可用零件和报废零件)。然后则可组织力量修复可用零件,对报废零件进行测绘,并加工新零件(有备件时可领取,则不必新加工)。

二、泵轴的修理

1. 泵轴已产生裂纹,表面有严重磨损,足以影响其机械强度时则要更换。

2. 泵轴的弯曲度超过大密封环内径和叶轮入水处外径间隙的 1/4 时,则应进行调直或

更换。

3. 泵轴的轴颈或填料部分如磨损较轻可采用光轴、电镀、金属喷镀等法修补。磨损过大但对机械强度影响不大时可采用镶套法。

三、键槽的修理

键槽损坏要采用加宽原键槽方法,其加宽量不得超过原尺寸的10%～15%。采用这种方法对轴及轮毂键槽进行加宽时,都要按原键槽中心线同时加宽,公称尺寸要一致。另配新键:功率较小的轴可另开新键槽。

四、轴承的修理

1. 滚动轴承的内外套圈和滚动体出现裂纹,内外套圈的滚道、滚动体出现斑点时要更换,滚动体与套圈滚道间隙超过要求时,要换新的。

2. 滑动轴承的间隙磨大一般要重新浇注轴承合金,并车孔或镗孔。但要注意不能一律按厂家图纸加工,应根据轴的具体情况而定,如换轴可按厂家图纸加工,使用过的轴要考虑轴颈的磨损,适当的减小孔径尺寸;对修复需要磨光轴颈的轴,要根据磨削后的轴颈实际尺寸确定孔径的公称尺寸及公差。

五、叶轮的修理

叶轮入水口外径磨损可用黄铜补焊,然后进行车削,若磨损不大亦可采用车削的方法解决,但要注意,当叶轮入水口外径车小,相应地要更换大密封环,密封环内径公称尺寸亦要减小。

六、平衡盘及平衡环的修理

平衡盘及平衡环磨损过多要更换。若磨损较轻出现凸凹不平及沟纹时,可进行车削或刮平。

七、导翼花尖的修理

导翼花尖被高压水冲刷减短,可作一段新花尖并用黄铜补焊。

八、泵体的修理

泵体(进水段、中段和出水段)出现裂纹时,要找出裂纹起点和终点,并在起终点处钻孔,在裂纹的全长上錾坡口,然后用铸铁电焊条补焊。注意先焊缝后再堵眼。

任务4　离心式水泵的装配与调整

离心式水泵的装配是水泵检修的一个重要工序,如装配不当,将会影响水泵的性能与寿命。装配人员必须熟悉所装配的水泵结构,装配程序和方法。装配工作最好在大平板上进行。

一、装配前的准备工作

进水段要装好密封环，中段要装好密封环、导翼及导翼套(小口环)，出水段上要装好出水段导翼、平衡套(串水套)及平衡环。在装导翼及平衡环时螺钉上要涂润滑脂，若螺钉沉入孔内，需在孔内用石蜡或润滑脂堵住，以防进水生锈同时便于下次拆卸。

二、转子部分预装配

转子部分的预装配是先将护轴套、叶轮、叶轮挡套(D 型泵的叶轮挡套与叶轮是整体的)、下一段叶轮及叶轮挡套依次装配至最后一段叶轮，再装平衡盘和护轴套，最后拧紧锁紧螺母。其目的是使转动件与静止件相应的固定(轴向定位)。然后调整叶轮间距，测量密封环内径与叶轮入水口外径配合间隙，导翼套(小口环)与叶轮挡套配合间隙，并检查叶轮、叶轮挡套、护轴套的偏心度及平衡盘的不垂直度。检查调整好后，对预装之零件进行编号，便于拆卸后将它们装配到相应的位置上。

1. 叶轮间距测量与调整。

叶轮间距按图纸要求应相等，但在制造时有误差，一般不应超过或小于规定尺寸 1 mm。以每个中段厚度为准，采取截长补短的方法达到相等。叶轮间距的测量可用游标卡尺。其间距 = 中段厚度 = 叶轮轮毂厚度 + 叶轮挡套长度。间距的调整是加长或缩短叶轮挡套长度(即间距大，切短叶轮挡套长度，间距小加垫)。

2. 测量与计算密封环内径与叶轮入水口外径、导翼套(小口环)内径与叶轮挡套外径、串水套内径与平衡盘尾套外径的间隙。

(1)测量方法

用千分尺或游标卡尺，测量每个叶轮入水口外径，叶轮挡套外径，平衡盘尾套外径，相对应地再测进水段密封环内径，每个中段密封环内径，导翼套(小口环)内径和出水段上串水套内径。每个零件的测量要对称地测两次，取其平均值，然后计算出实际间隙，不合要求的要进行修理、调整或更换。

(2)调整方法

a. 密封环与叶轮间隙小，应车削叶轮入水口外径或车削密封环内径；间隙大则应重新配制密封环。

b. 导翼套(小口环)间隙不合要求的应更换或车削叶轮挡套。

c. 平衡盘尾套间隙小，应车削平衡盘尾套外径；间隙大应重新配制平衡套(串水套)。

3. 检查偏心度及平衡盘的不垂直度。

偏心度太大会使水泵转子在运转中产生振动，使轴弯曲，叶轮入水口外径磨偏，叶轮挡套磨偏。平衡盘不垂直，在运转过程中会使平衡盘磨偏。其检查方法如下：

(1)在调整好叶轮间距及各个间隙后，将装配好的转子固定在车床上或将轴装在转子轴上再放在 V 形铁上，用千分表测量，将千分表触头接触测件，将轴旋转一圈，千分表最大读数与最小读数差的一半即为偏心度。

a. 逐个检查护轴套、叶轮挡套和平衡盘，一般情况下护轴套、叶轮挡套的偏心度不超过 0.1 mm，平衡盘的偏心度不超过 0.06 mm。

b. 逐个检查叶轮入水口外径，其偏心度一般不超过 0.08 ~0.14 mm。

(2)平衡盘垂直度的检查

利用千分表,将千分表触头置于平衡盘端面上,将轴旋转一圈,千分表指针最大值与最小值之差,即为所测直径的不垂直度。其平衡盘与轴的不垂直度在 100 mm 以内不大于 0.05 mm。偏心度和不垂直度不合格时应更换或修理。

三、装配程序及注意事项

1. 多级离心式水泵装配程序与拆卸相反。

2. 轴承体与进水段,进水段与中段,中段与中段,中段与出水段,出水段与尾盖,尾盖与轴承体结合面之间都要加青壳纸垫,并且进水段、中段、出水段之间在青壳纸两侧要涂润滑脂,以防漏水。

3. 装各连接螺栓螺母时都要涂润滑脂,以防螺纹生锈不便于下次拆卸。

4. 往轴上装护轴套、叶轮、叶轮挡套和平衡盘时,轴要涂润滑油。

5. 平衡盘装上后要测量其串量,串量小,需在末段叶轮与平衡盘尾套间加垫;串量大,需切削平衡盘尾套。

6. 填料室中的填料(盘根)用石棉盘根或棉纱线编成,用棉纱线编成的要用牛油煮或用润滑油浸泡,盘根的开口要错开,水封环一定要对准水孔。

7. 装配好的水泵,对装压力表、真空表、注水漏斗、放水孔的丝孔要用丝堵堵住,水泵的进出水口要用木板或铁板封住,以防杂质进入泵体。

问题思考

1. 水泵拆卸时为什么要在零部件上打标记?

2. 试述水泵的装配程序及注意事项。

3. 怎样检查水轮间距,当水轮的间距不符合要求时应当如何处理?

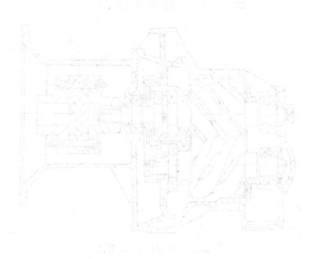

学习情境 2

往复式压气机的修理与装配

任务导入

矿用空气压缩机,主要用于供给井下或井上凿岩设备、锻钎机、气动装岩机及其他气动装置所需的压缩空气。空压机的运行状况好坏直接影响到矿山的生产能否正常进行,所以它的维修工作必须引起重视。目前矿山主要采用的是螺杆式空压机(如图2.1所示)和活塞式空压机(如图2.2所示)。由于螺杆式空压机结构较为简单,精度较高,一般不进行修理,故这里介绍活塞式空压机的维修与装配。

学习目标

1. 能读懂往复式压气机的装配图。
2. 能对压气机的主要零部件进行修理与装配。
3. 能对压气机进行调整。
4. 能正确地进行安全控制和质量控制。

任务1 装配图的识读

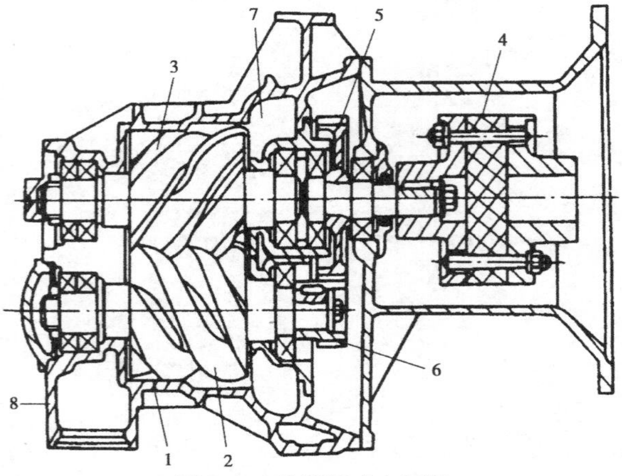

图2.1 双螺杆式空压机

1—机壳;2—阳转子;3—阴转子;4—联轴器;5,6—增速齿轮;7—进气腔;8—排气腔

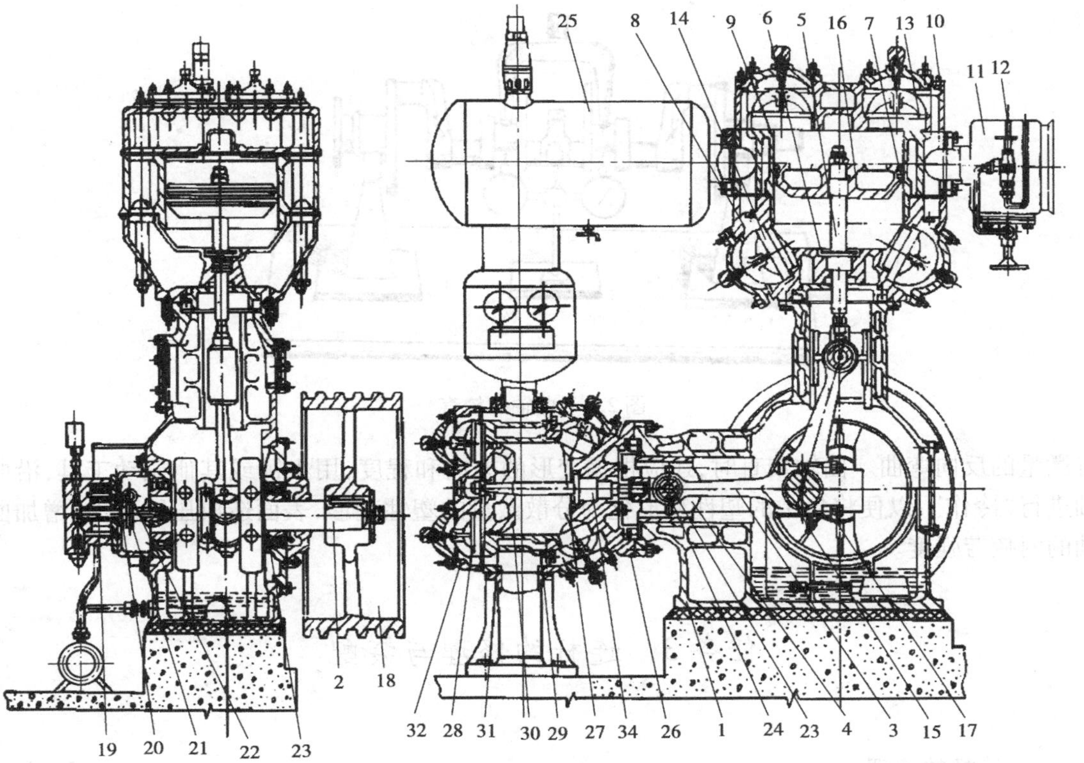

图2.2　4L—20/8型活塞式空压机

1—机身;2—曲轴;3—连杆;4—十字头;5—活塞杆;6——级填料;7——级活塞环;8——级汽缸座;9——级汽缸;10——级汽缸盖;11—减荷阀;12—压力调节器;13——级吸气阀;14——级排气阀;15—连杆轴瓦;16——级活塞;17—连杆螺栓;18—三角皮带轮;19—齿轮油泵;20—注油器;21,22—蜗轮蜗杆;23—十字头销铜套;24—十字头销;25—中间冷却器;26—二级汽缸座;27—二级吸气阀;28—二级排气阀;29—二级汽缸;30—二级活塞;31—二级活塞环;32—二级汽缸盖;33—滚动轴承;34—二级填料

任务2　曲轴的修理与装配

空压机由于活塞的往复运动,很容易使主轴颈及曲柄颈发生不均匀的磨损。修理曲轴(尤其是多支点的曲轴时),不仅要修复轴颈的磨损,而且还要恢复曲轴颈对曲轴中心线的正确位置。

对曲轴的擦伤、刮痕、椭圆度和锥度的检查及修理方法应根据质量标准要求,按轴类零件的检查和修理方法进行。

曲轴的弯曲变形,可将千分表置于曲轴的中间一道轴颈上进行检查。弯曲的校直可按图2.3的方法将曲轴架在平台的V形铁架上,在中间一道曲轴轴颈或曲拐轴颈拟定加压部位的下面,立好千分表,最好将千分表的触点立在被加压轴颈的径向端部(因为这个部位磨损量较小),以观察各次加压校直时的压弯量,然后分段缓慢地增加其压力。另外,曲轴校直时的反向压弯量要比原弯曲量大一些,以不超过原弯曲量的1～1.5倍为宜。这样使校直后的曲轴具

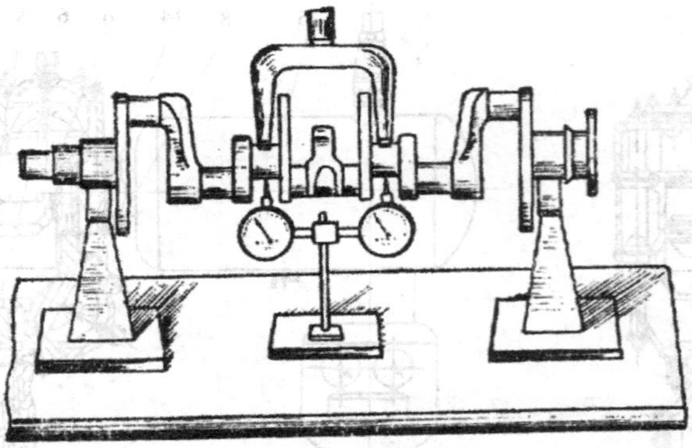

图 2.3　曲轴的校直

有微量的反向弯曲。曲轴校直时,还应根据变形的方向和程度,用小锤或其他风动工具,沿曲轴进行"冷作",以便将集中的塑性变形化为分散微量的塑性变形,表面造成压缩应力,增加曲轴的耐疲劳强度。

任务3　连杆的修理与装配

一、连杆的修理

在检查连杆过程中,发现大头分解面磨损或破坏、大头变形(弯曲或扭转)以及大头瓦衬轴承合金磨损和小头套瓦磨损时,应进行修理。连杆通常用35号或45号碳素钢或40Cr、38CrA合金钢制成。

1. 大头分解面磨损的修理

当分解面磨损或破坏较轻时,可用研磨法磨平或者用砂纸打光,也可适当刮修。修整后的分解面不允许有偏斜,并应保持相互平行。可用涂色法进行检查。接触点应均匀分配,不得少于总面积的70%。

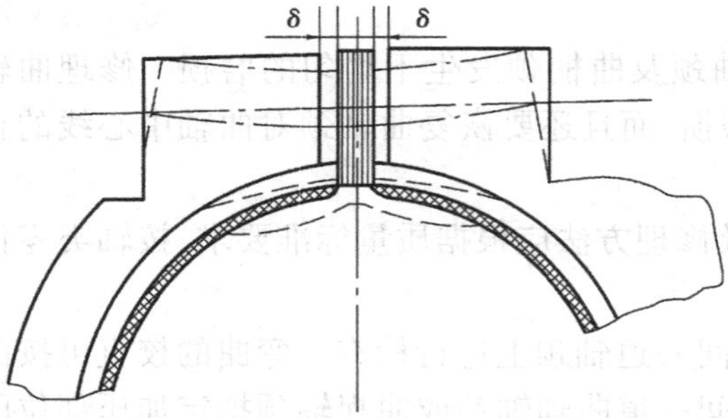

图 2.4　连杆大端分解面处的变形

若分解面的磨损和破坏较重时,可用焊补和机械加工修复。焊补分解面时,应分层进行,每次焊补的厚度不应超过1.5 mm,每焊完一层后,应冷却到与周围空气温度相等时再焊下一层,不然,温度过高,容易使连杆变形。焊层总厚度最好小于5 mm。

2. 大头变形的修整

连杆大头变形的原因,是由于轴瓦突出过高(如图2.4中的δ)。若轴瓦突出高度超过0.15 mm,甚至达到0.5 mm,当拧紧连杆螺栓时,就会产生变形现象。因此,装配时应保证轴瓦的突出高度最好不超过0.05~0.15 mm。修理方法是,先在平板上检查其变形,再进行切削加工,一直到分解面恢复到原来的水平为止。

3. 连杆螺栓的更换

连杆螺栓一般不进行修理，使用过程中发现连杆螺栓的螺纹损坏或配合松弛，出现裂纹或产生过大的残余变形时应当更换。

连杆螺栓的螺纹损坏，一般是由于装配时，拧紧力不适当所引起，拧得过紧，螺纹容易损坏；拧得过松，配合松弛，也会造成螺栓损坏。

二、连杆的装配要求

分别刮研连杆大头轴瓦和小头轴套，使其与曲拐轴颈和十字头销接触点的面积为各自面积的70%，接触点应分布均匀。

连杆大头轴瓦与曲拐轴颈间的径向间隙和轴向间隙应符合规定。

连杆小头轴瓦与十字头销间的轴向间隙应符合规定。

连杆螺栓及螺母应拧紧，不得有松动现象。其拧紧程度应使螺栓伸长量不大于螺栓长度的1/1 000。

连杆小头铜套装配必须为过盈（0.05～0.15 mm）压入，其端面还应超过小头两端面各1.0～2.5 mm，油槽应良好。

任务4　十字头的修理与装配

刮研十字头滑板，并用涂色法检查其与机身十字头导轨的接触情况。接触点的总面积应为十字头滑板面积的60%，接触点应分布均匀。十字头销及其连接螺栓和锁紧装置均应拧紧并锁牢。

任务5　活塞的修理与装配

一、活塞环的更换

活塞体本身一般不易损坏，活塞环容易损坏，一般不对它进行修理，使用中，若发现下列情况，应立即更换：

断裂或过度擦伤以及丧失应有的弹力；径向厚度磨损1～2 mm；轴向宽度磨损0.2～0.3 mm或超过了原来间隙的1～1.5倍；活塞环外表面与汽缸表面不能保持应有的紧密配合；配合中有间隙的总长超过汽缸圆周的50%。

更换活塞时，应按下列程序进行：

取下汽缸盖，倒置于地板上，以便检查和清理。从十字头上拆下活塞杆，并从汽缸内抽出活塞，取下活塞环，检查后清理与活塞环相关联的部位。将准备更换的活塞环校正尺寸，并除去飞边毛刺和尖角，装入活塞。将活塞装入汽缸，并与十字头连接。盖上汽缸盖，调整好上下或前后死点间隙。

从活塞上取下活塞环时，应按下列技术要求进行：

将扩张器的短端插入活塞环的切口内，用手压紧扩张器的长端，使活塞环张开。将三块金属板放入活塞环与活塞之间。将其中一块金属板沿活塞在活塞环下移动到活塞环中部。其余两块金属板保留在活塞环末端下，沿金属块移动活塞环并自活塞上取下。

二、活塞和活塞杆的装配要求

活塞环应先在汽缸内作漏光检查或用塞尺检查，在整个圆周上漏光处不得多于2处，每处不超过45°弧长，且与活塞环锁口距离大于30°。

活塞环与活塞槽两侧的间隙应小于0.1 mm，活塞环装入汽缸后锁口间的间隙应符合规定，一般为活塞直径的1/150～1/100。

活塞未装入汽缸时先水平放置，活塞环在槽中的埋入深度不少于0.6 mm；活塞装入汽缸时，同组活塞环锁口的位置应互相错开，所有锁口位置应与气阀口错开。

盘形活塞，将活塞杆的凸肩和活塞上的沉槽（或圆锥孔）相研配，然后将活塞连接起来，上好冠形螺帽和开口销子，冠形螺帽，应与活塞紧贴无间隙；对筒形活塞，将连杆放在活塞内，再装上活塞销，使活塞与连杆连接在一起。

用煤油洗涤活塞环槽，并把活塞环涂上空气压缩机油，然后装到活塞上。

任务6　汽缸的修理与装配

一、汽缸的修理

汽缸在工作过程中，由于受较大的交变应力，必然引起磨损甚至损坏。当汽缸磨损较大，表面有裂纹、擦伤或拉毛以及水套有裂纹或渗漏时，应进行修理。

1. 磨损的修理

汽缸磨损到最大直径与最小直径之差为0.5～0.9 mm或伤痕大于0.5～1 mm时，应进行镗缸。

镗去的尺寸直径方向不应大于2 mm。如必须大于2 mm时，应配制与新汽缸内孔相适应的活塞和活塞环，汽缸表面如发现疏松或其他缺陷，应增大镗孔尺寸后镶缸套。缸套厚度可根据汽缸直径决定，对中等直径缸套可取10～14 mm，大直径可取16～25 mm。

镗缸时，可根据具体条件，用立车或镗床进行加工。加工过的汽缸表面上会有刀痕，条件允许时应进行一次光磨。小直径汽缸可在立钻上镗削和研磨，必须保证汽缸中心线与钻床立轴中心线重合。

如汽缸表面有轻微擦伤缺陷或拉毛现象时，可用半圆形油石沿缸壁以手工研磨，到用手摸无明显感觉时即可。当拉痕较深而更换有困难时，可用铜、银等熔焊在拉痕之处，刮研后暂时使用。

2. 裂纹或渗漏的修理

（1）汽缸表面裂纹或渗漏的修理

当前，对于汽缸表面的裂纹还没有较完善的办法进行修补。必要情况下，在现场有时对低压（1 MPa以下）空压机采用紫铜丝人工手捻办法进行修理，效果可以达到保证正常运行的程度。

修理过程是先擦净汽缸表面，在汽缸壁裂纹处两端钻 Φ1.5～2.0 mm 的孔，深度可为裂纹深度的1.2倍，防止修理后运转时裂纹再扩展。然后沿裂纹用专制的小扁錾将裂纹剔成燕尾槽，槽深与底宽可等于钻孔直径，槽顶宽可比底宽小0.5 mm（见图2.5）。将錾出的燕尾槽清扫干净，选择适当直径的紫铜丝，用小锤轻轻地锤击捻压，捻压后的铜丝不要高于缸壁面过多，只留够刮研和光磨的余量即可，在用刮刀刮研时应小心、仔细，刮研后可用细油石光磨，铜料表面应与缸壁表面一致，不能有凹凸现象。对于裂纹严重的汽缸应进行更换。

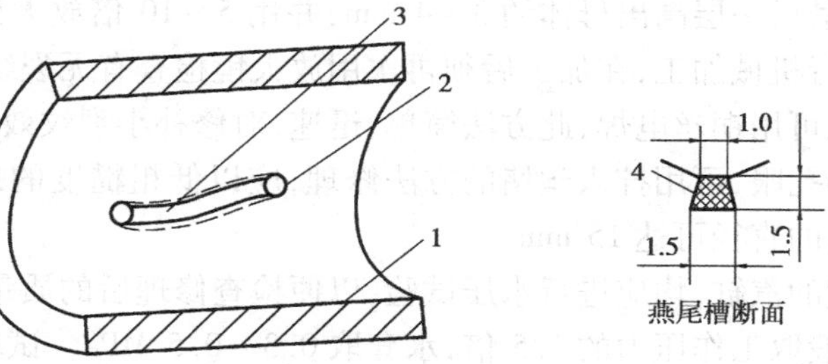

图2.5　缸壁裂纹修理示意图

1—汽缸；2—裂纹两端钻孔；3—燕尾槽；4—紫铜丝

（2）汽缸水套裂纹或渗漏的修理

汽缸水套的裂纹或渗漏，可用缀缝钉，补补钉以及冷焊等方法修补。

a. 裂纹缀缝钉

在裂纹的两端钻出直径为5 mm的孔，然后沿着裂纹的全部长度按照8 mm的间距分别钻孔。

用6 mm丝锥在孔内攻出螺纹，然后将紫铜杆旋入这些孔内，再用手锯在离裂纹表面1.5～2 mm的地方将紫铜杆锯断。

在各个紫铜杆的中间钻孔，并攻出螺纹，再用紫铜杆旋入这些孔内。这些杆应挤住以前所旋入的紫铜杆。

以手锤轻轻敲击紫铜杆，将裂纹牢牢堵塞。

b. 裂纹补补钉（当汽缸水套有较大裂纹或成块掉落时采用）

将裂纹两端各钻一个直径为4～5 mm的孔。补钉用4～7 mm铜板，其大小应超过裂纹每边约20～25 mm。沿补钉周边，用直径为6 mm的钻头钻孔，孔间距为10～20 mm，在补钉上最好钻出浅的埋头坑。

将裂纹处盖上补钉，并用手锤轻轻敲打，使补钉紧密地贴合在裂纹的位置上。以补钉做样板，用中心冲子在汽缸上冲出孔心，以4.5 mm直径的钻头钻孔。并用6 mm丝锥在孔内攻出螺纹。将补钉涂上铅丹，盖在裂纹上，用螺钉紧固。

c. 裂纹冷焊修补

可用镍基等焊条进行焊补，常用焊条有上焊74和上焊70。焊补方法如下：

清理裂纹，开凿坡口，在两端钻孔，以防止裂纹扩展。

焊前进行烘烤，除去水分；焊后保温，缓慢冷却。

焊补所用焊条应在150～200 ℃的温度下烘烤1.5～2.0小时，除去水分并存放在烘箱中，以便趁热使用。在保证电弧稳定情况下,用较小直径焊条和适当电流反接进行焊补。

为了避免使焊接处产生过大温差,应采用多次分段焊接的方法进行焊接。每次焊接时间不宜太长。每段焊接长度约 30 ~50 mm,当焊接处的温度降低到不烫手时,再进行下一次焊接。每焊完一段时,应立即用小锤敲击,以便获得较细的金属组织,提高焊接接头质量,消除因焊接产生的内应力,敲完后,应用细钢丝刷清除熔渣。

在焊补过程中,每焊完一层就应检查有无裂纹和气孔。如发现裂纹应彻底铲除进行重焊,发现气孔可用点焊修补。

裂纹补焊完后,最后一层高出母体约 3 ~4 mm,并用 5 ~10 倍放大镜检查,不允许再有裂纹,如焊接时需要进行机械加工,在加工后须再次用放大镜检查有无裂纹。

有时裂纹焊补也可用铜丝电焊,此方法简单、迅速,对修补小裂纹效果较好。

汽缸水套贯穿的孔眼,可用拧入丝堵的方法修理,应以低粗糙度的螺纹,涂上铅丹或白铅后,再拧入孔眼,丝堵的直径可达 15 mm。

用上述方法修理的汽缸,均应进行水压试验,以便检查修理后的质量是否符合要求。试验压力的大小,汽缸一般取工作压力的 1.5 倍,水套取 0.3 ~0.5 MPa。试验时,不允许有渗漏和残余变形。

3. 水套的清洗

水套的结垢多了会严重影响汽缸散热,阻碍循环水流动。

清洗水套固结物,可用含盐酸 5% 的溶液,水套在溶液中停留 24 小时后就可清洗干净。当溶液加入汽缸后,须打开一个或数个孔,以便排出气体。排出的气体中有从盐酸中分解出来的氢气,因此,禁止火焰接近出气孔。

利用盐酸清洗后,要用氢氧化钠水溶液(每 10 kg 水放入 0.5 kg 氢氧化钠)清洗。清洗完毕,在工作前,必须检查水套中是否残留其他有害气体。

二、汽缸的装配要求

汽缸体和汽缸盖应按规定进行水压试验,如有渗漏应修补好后装配。

卧式汽缸的不水平度偏差在每米长度上不大于 0.05 mm。

卧式汽缸中心线应该与机身中心线相重合,其不同心度偏差,不大于汽缸直径(600 mm 以内)的万分之二。如不符合时,允许用刮研汽缸(或缸体)法兰接合面的方法进行修整。

立式汽缸中心线应与机身十字头导轨中心线相重合,其偏差一般不应大于 0.04 mm。

任务7　气阀的修理与装配

一、气阀的修理

气阀经常负担着变动的撞击负荷,因而易于磨损,尤其压载弹簧常常因失去原有的弹力和原有的长度而损坏。

无论是检查气阀或者是修配气阀,都要注意阀座的清洁情况,阀门如粘有小粒污垢,就可能造成漏隙。

气阀在使用过程中,如出现阀座和阀体磨损、擦伤,阀座的密封边缘出现轻微裂纹或齿痕时,应进行修理。

阀座和阀片的磨损和擦伤不大时,可用研磨方法进行修复;若磨损或擦伤较为严重,应重新更换。

用研磨方法修复阀座和阀片时,应先将阀座和阀片分别用刮刀修平,再放在平板上进行研磨。研磨时,先在平板上涂上一层滑石粉或玻璃粉与润滑油调制成的薄糊液。然后在糊液上绕圆周方向或按"8"字形进行研磨。在研磨时,必须平直,用力要均匀。磨平滑后,将磨平的阀座和阀片用红丹粉或硫磺粉和润滑油调制成薄糊液,进行第二次研磨。数分钟后,将它揩净,用四氯化碳溶液清洗,直到表面无粗糙现象或刮研痕迹后,置于平板上推动研磨件进行检查。如不平,还须继续研磨,一直到完全平整光滑时为止。当阀片有微量不平度变形时,可在平面磨床上进行磨削加工修理。但如果将阀片直接放于电磁吸盘2上(图2.6所示)加工,则吸附时很平,磨削后又恢复原状。为了消除这种变形,可采用弹性磨削方法:磨削时,在工件1与磁盘2中间垫一层合适的弹性物质3(如橡胶、海绵等),使之在磨削过程中,既能使工件吸牢不移动,又能利用弹性物质的可压缩性,保持工件原形吸在吸盘上(如图2.7),磨出工件比较平直,经过几次翻磨后即可修平。

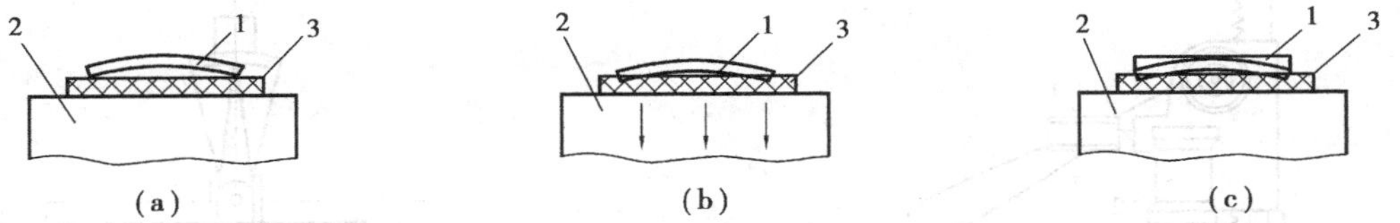

图2.6 阀片的直接磨削方法

(a)磨削前工件形状;(b)电磁盘吸紧工件时形状;(c)磨削后松开工件时的形状

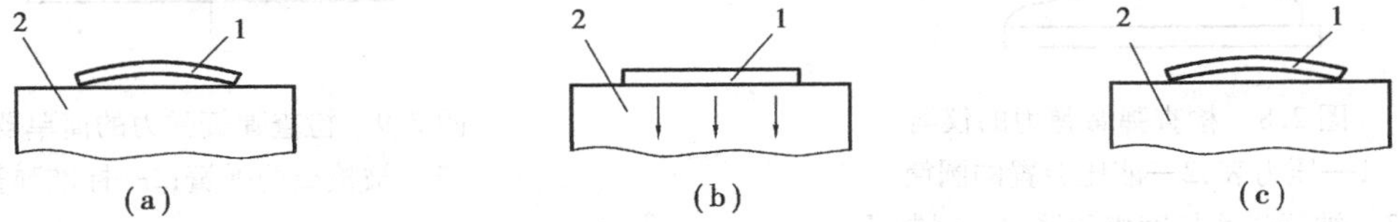

图2.7 阀片的弹性磨削

(a)磨削前工件形状;(b)弹性磨削时阀片形状;(c)磨削后松开工件时的形状

不论是用研磨修复的阀座和阀片或重新更换的阀座和阀片,使用前应进行组装并用煤油进行密封性试验。

阀座密封边缘发现有不太严重的裂纹和沟痕时,除了可用研磨方法消除以外,还可以采用车削修理。

弹簧丧失弹性力时,在自由状态下,它的长度会减小。丧失了弹性力的弹簧在原则上是可以恢复的,但恢复作业必须仔细进行,特别应当注意的是热处理工作。这种工作如与规定的作法稍有出入,就会使弹簧变软或变脆。因此,丧失弹性力的压簧,一般应更换新的。

压簧的钢丝材料,最常采用铬矾钢。它的断面可以为圆形,也可为方形。

新配制的弹簧应当用淬火和回火来提高它的弹性和强度。弹簧经过热处理以后,应预先使它发生永久变形,因为不这样,它就会在工作中变形。为了使弹簧预先发生永久变形,需将弹簧各圈压至互相接触状态并在250 ℃的温度中保持24小时。经过这样的过程以后,弹簧的长度会缩短一些,因此,在卷弹簧时,应将它的螺距卷得较要求尺寸稍大些。

修复、配制和装配弹簧时应严格遵守如下技术质量要求:弹簧不应成弯曲形(即中部弹簧圈向外膨胀);弹簧钢丝不应有裂纹、磨损或擦伤;不允许将拆损的弹簧或长度不足的弹簧加垫装配使用;把弹簧底座放在水平面上,弹簧的轴线应与水平面垂直,其不垂直度的偏差在每100 mm 长度上不得超过 2 mm;同一弹簧各螺距值的差数,不应超过 1 mm(但弹簧首尾的第一个螺距值不受这个限制);弹簧螺旋圈数的公差值,5 圈以下的为 ±0.25 圈;5 圈以上的为 ±0.5圈。

修复或配置的弹簧弹性力须用专门的仪器进行检查,图 2.8 所示即是这种仪器。限制器可放在立柱的任何位置,并用它把被检查的弹簧压制到要求的长度(即工作长度),然后由压力表的指示判定弹簧的弹力大小。

如果没有上述检查仪器,可用一种按照杠杆原理制成的简单器具来检查弹簧(图 2.9)。被检查的弹簧弹力可与检定用的标准弹簧的弹力比较而得。

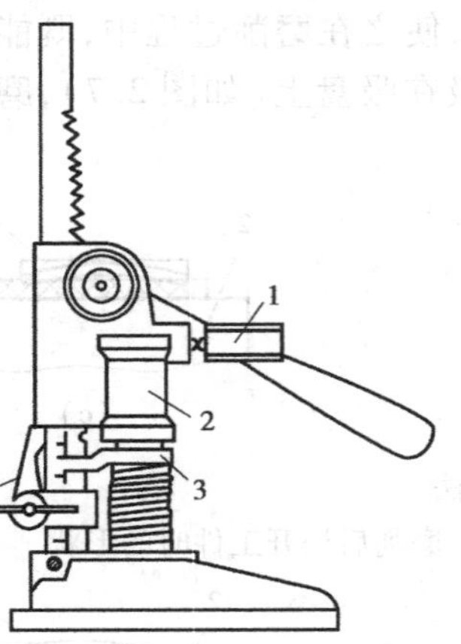

图 2.8　检查弹簧弹力的仪器
1—压力表;2—液压装置的圆筒;
3—被压弹簧长度指示器;4—限制器

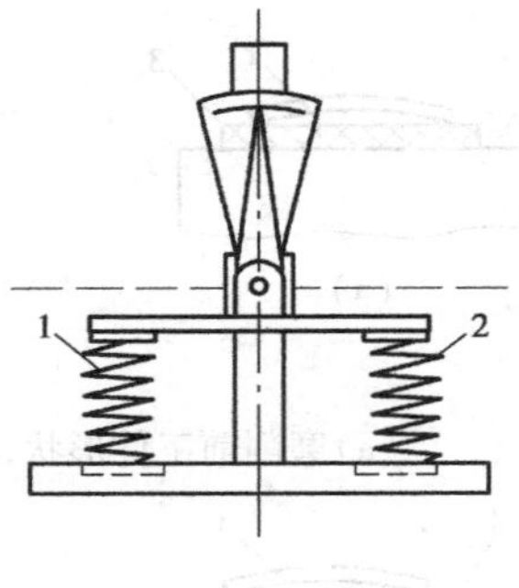

图 2.9　检查弹簧弹力的简单器具
1—被检查的弹簧;2—标准弹簧

二、气阀的装配要求

吸气、排气阀装配前,可用涂色法检查阀座和阀片是否紧密贴合,如贴合不良应研磨。气阀装配后,应用煤油检查密封性,同时检查阀片开关情况和弹簧在弹簧槽上的安装情况。弹簧弹力不宜过大,以免增大附加阻力。气阀的升起高度不应大于 3 ~ 4 mm,因为气阀升得太高,可能使气阀的工作不稳定,发生撞击,以致损坏。

空气在吸气阀和排气阀内,应保证有宽裕的通路,一般情况下,空气在气阀内通过的速度,不应超过 25 米/秒。

吸气、排气阀装配应符合下列要求:

1. 阀片、阀座、阀盖和气阀弹簧不得有损伤,并须清理干净;
2. 吸气、排气阀组装时,弹簧的弹力应均匀,阀片和弹簧应无卡住和歪斜现象;
3. 阀门连接螺栓松紧度必须适当,过紧可能损坏零件,过松会产生噪音和升温;
4. 吸气、排气阀组装后,应注入煤油进校密封性试验,在 5 分钟内允许有不连续的滴状渗漏，其数值一般不得超过平均每一圈阀片13滴。

任务8　风包的检查与维护

要经常清扫冷却器与风包间的管道，防止积垢。打开检查孔，清理风包中的污秽物。

风包上装设的安全阀、放水阀应当动作可靠。对风包表面应当经常观察，如发现因碰撞而出现的掉漆部位，要及时补漆，防止锈蚀。刷漆时，可先涂一道铁红防锈漆，再涂一道灰色调和漆。新装或检修后的风包应用1.5倍工作压力作水压试验。试验时注意观察风包的任何部位及管道接头处不得产生渗漏，如有渗漏，应进行焊补修理。

任务9　其他零部件的修理与装配要求

一、冷却器的修理要求

冷却器在使用过程中，发现芯子有严重锈蚀；冷却器内部有较厚的污垢；个别管子有纵向或横向的裂纹；中心紧固螺栓松弛；隔板与管子碰击；管子在管板上连接不严密；渗漏以及冷却器外壳和管板发生裂纹时，应进行修理。

冷却器芯子因锈蚀严重，个别管子产生泄漏时，可在管子两端用木塞加以堵塞。为了便于确定整个冷却器中哪根管子泄漏，可先停止空压机的工作再将水从冷却器中放出，取下冷却器中一端的盖子，慢慢旋转空压机或以点动方式开动电动机来使之转动，锈蚀的管子就会出现气体泄漏。如果将冷却器拆下来进行修理；可用水压试验的方法来确定哪根管子泄漏。

冷却器内部污垢，可用盐酸溶液进行酸洗。污垢严重的可用洗管器或其他机械方法加以清除。有裂纹的管子，应该更换。

管子在管板上连接不严密时，应再胀管（或适当焊接），但不宜对一根管子进行多次胀管。因为这样做效果不良，将会重新发生泄漏。胀管时，应除掉管板孔上的锈蚀和油垢。正确的胀管，管子末端露出管板表面的尺寸不应大于管子直径的25%。

管板或冷却器外壳发现裂纹时，应更换或适当修理。

中心紧固螺栓松弛，隔板与管子就会发生碰击（可根据冷却器内部的金属声音来判断），应取出冷却器芯子加以紧固。

二、机身安装的要求

机身的纵向和横向的水平度偏差，在每米长度上不大于0.05 mm；对卧式和复动式压缩机的纵向不水平度，应在十字头导轨上测量，横向不水平度，应在曲轴轴承上测量；立式空压机在曲轴箱的接合面上测量；L型空压在机身法兰面上测量。

双列空压机的中心线，不平行度偏差在每米长度上不大于0.1 mm，不水平度偏差在每米长度上不大于0.1 mm。

三、填料函的装配要求

填料函表面不能有裂纹，装配前必须要清洗干净，并注意保持润滑油孔畅通；装配时填料函应与活塞杆或特制的心轴进行研配，并用涂色法进行检查，其接触点的总面积应不少于接触面的70%，并分布均匀；填料函压盖锁紧装置必须锁牢。

四、润滑系统的装配要求

润滑系统应清洁，油管不允许有急弯、折扭和压扁现象；曲轴与注油器和油泵连接的传动机构应运转灵活，不得有阻滞现象；润滑系统的管路、阀门、过滤器和油冷却器应分别进行气密性试验，其试验压力应为工作压力的1.5倍；油管与其供油润滑处相连接时，应先检查所供给的润滑油内无气泡后，方可与润滑处进行连接。

五、吸、排气管安装要求

空气压缩机的工作效率，生产能力与吸气的绝对温度成反比，吸气温度每升高3 ℃，工作效率约降低1%，因此吸气管不能安设在排气管附近，同样也不允许和排气管在一个渠道内。

吸气管阻力应尽量小，否则也会引起工作效率的降低，因此吸气管路应尽量缩短，弯管半径应尽可能的大一些，空气过滤器阻力也不能过大。在长吸气管中的空气流速应低于400米/分。

有时由于吸管内有脏物或吸气管长期不洁净，积存污垢被吸入空压机内而引起事故，所以吸气管应根据情况在装配前进行清扫。在可能条件下，应在吸、排气侧设置气水(油)分离器。

当空压机与风包间管路距离过长时(超过十米)，有时压缩空气会产生不稳定气流引起超负荷振动和噪音，此时应增大管径和风包容积或缩短管路长度。

当吸、排气管过长无支架时，应在每米左右附设一个支架，可减少振动，减少事故。

任务10　空气压缩机的调整

为了使空压机的排气量与实际消耗量基本相适应，从而维持压气管道内压气的正常工作压力，就必须对空压机的工作进行调整，以保证各风动工具的正常运转。

空压机运行正常与否，往往与压力调节系统的动作准确、灵活、可靠性如何有很大关系。

在转数不变时，空压机通常用一种特殊的机构来调整它的生产率。这种特殊的机构是由压力调节器和减荷阀或压开吸气阀调整机构两部分组成。

一、关闭吸气管法

这种调节机构是由减荷阀和压力调节器组成，减荷阀安装在压气机的吸气管上。减荷阀和压力调节器的结构如图2.10所示，调节时可用调节器的螺管来调节弹簧力。当工作压力为0.8 MPa时，开启压力为0.815～0.825 MPa；关闭压力为0.70～0.77 MPa。

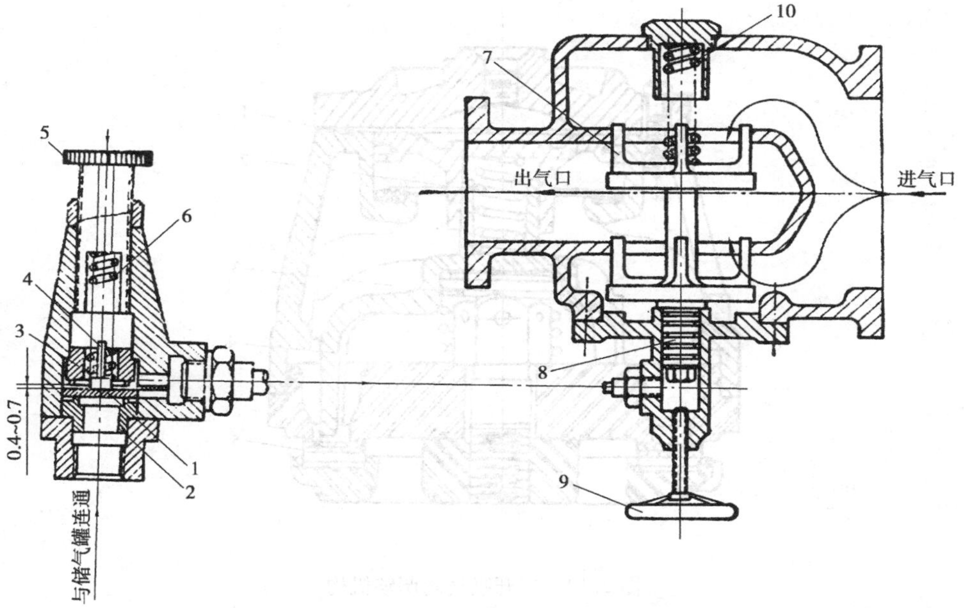

图 2.10　压力减荷系统图

1—阀片;2—阀座;3—套;4—阀杆;5—调节螺杆;6—弹簧;7—蝶型阀;8—活塞缸;9—手轮;10—弹簧

二、压开吸气阀法

此种压力调节机构由弹簧式压力调节器(图 2.11)和压开吸气阀调整机构(图 2.12)组成。这一调整机构是由小活塞、弹簧、叉头等组成的,装在吸气阀上。

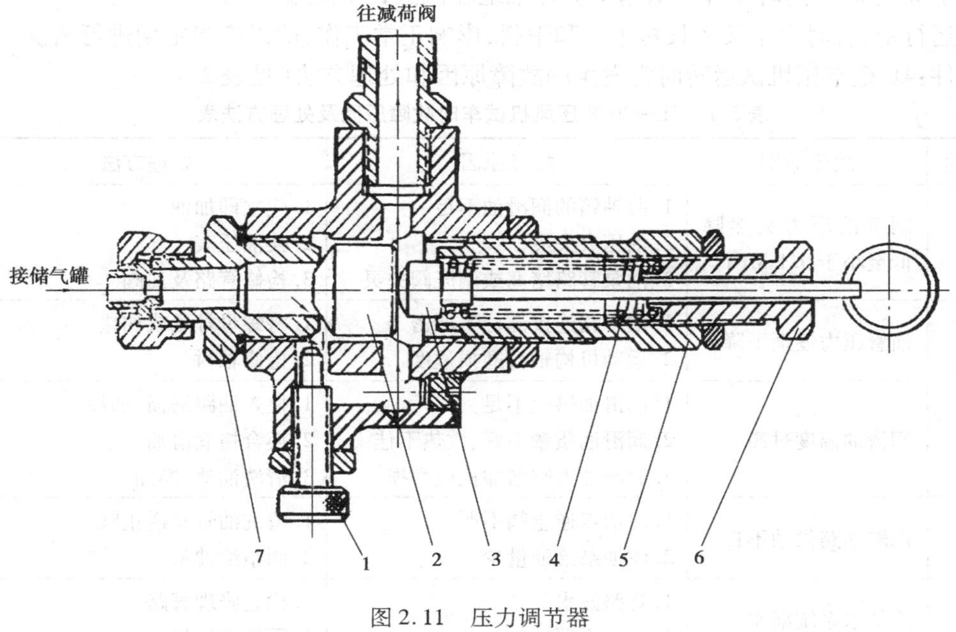

图 2.11　压力调节器

1—调节螺钉;2—阀;3—拉杆;4—弹簧;5—大调节螺杆;6—小调节螺杆;7—阀座

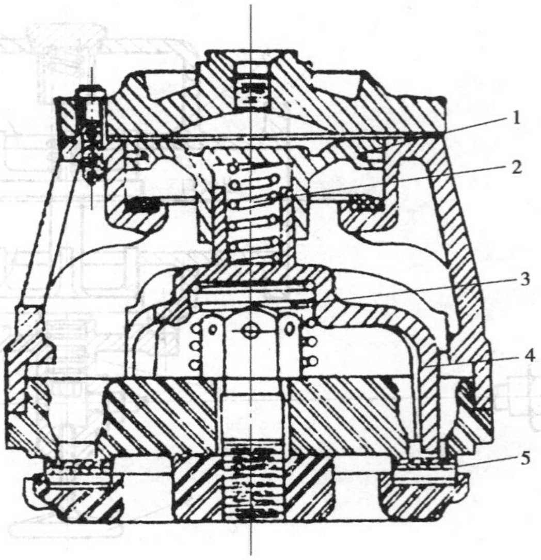

图 2.12　压开吸气阀调整机构
1—活塞;2,3—弹簧;4—叉头;5—吸气阀阀片

压力调节器可借螺管 5,6 调节弹簧力。螺钉 1 可调节其开闭阀的灵敏度。一般开启压力不高于规定压力的 6%,关闭压力不低于规定压力的 6%。在空压机工作过程中,压力调节器的工作必须动作准确,灵活可靠,保证压开吸气阀调整机构始终正常,必须定期检查、清洗压力调节器。

在检查装配压开吸气阀调整机构时,必须使各个叉头 4,以同等程度对准阀片 5,即当活塞 1 动作时,能将阀片同时压开。活塞 1 应仔细地在汽缸孔中配磨。

在运行中,有时由于叉头长短不一和歪斜,影响正常工作,所以应当定期进行清洗。

附件:4L 型空压机试运转时常发生的故障原因和处理方法(见表 2.1)。

表 2.1　4L—20/8 压风机试车时故障原因及处理方法表

序号	故障类别	故障原因	处理方法
1	润滑油压力突然降低至小于 0.1 MPa	1. 曲轴箱的润滑油不足 2. 油压表失灵 3. 油泵管路堵塞或调压阀失灵	1. 应立即加油 2. 换油压表 3. 检修管路及油阀
2	油管压力逐渐下降	1. 油管路连接部位不严密 2. 运动机构轴衬磨损过度	1. 将螺母拧紧或加垫 2. 检修轴衬
3	润滑油温度过高	1. 润滑油供应不足 2. 润滑油质量不好、散热不佳 3. 润滑油太脏增加机械磨损	1. 检查油路漏损,加油 2. 换合格润滑油 3. 清洗油池,换油
4	汽缸油路供油不良	1. 注油点逆止阀不严 2. 注油泵给油量少	1. 清洗油管及逆止阀 2. 调整给油量
5	冷却水系统漏水	1. 管路漏水 2. 缸垫不严	1. 检查修理管路 2. 更换汽缸垫

续表

序号	故障类别	故障原因	处理方法
6	安全阀故障	1. 不能适时开启,不能大开 2. 关闭不严	1. 清洗检修安全阀 2. 调整弹簧
7	主轴承过热	1. 轴向配合间隙太小 2. 供油不良	1. 调整间隙 2. 调整供应量
8	声音不正常	1. 死隙不够,热膨胀后发生冲击 2. 活塞螺母松动 3. 缸内有水 4. 气阀松动 5. 掉入损坏零件碎片 6. 连杆螺钉松动 7. 阀片损坏	1. 调整死点间隙 2. 拧紧 3. 检查冷却系统严密性 4. 拧紧阀螺母,压紧制动圈和螺钉 5. 清除 6. 调整间隙,拧紧 7. 检查及更换
9	阀部件工作不正常	1. 汽缸内有水冲击 2. 弹簧疲乏 3. 阀座变形,阀片翘曲 4. 弹簧卡住阀片,关闭不严 5. 结焦渣过多,影响开启	1. 检修冷却水系统的严密性 2. 更换 3. 研磨、更换 4. 更换弹簧 5. 清除
10	填料箱不严密	1. 供油量不足造成磨损,回油路堵塞 2. 密封圈磨损,活塞杆磨损 3. 密封元件不能同活塞杆合抱	1. 调整供油量 2. 更换 3. 换件
11	排气量不够	1. 吸气阀温度高,进排气阀不严密 2. 活塞环泄漏 3. 密封填料箱泄漏 4. 安全阀不严 5. 局部不正常漏气 6. 滤风器堵塞 7. 压力调节机构失灵	1. 修理气阀 2. 检修活塞环与槽间隙,更换活塞环 3. 修理填料箱 4. 修理安全阀 5. 根据密封部位,采取密封措施 6. 清洗 7. 检查调节杆是否松动、压簧是否变形

问题思考

1. 为了防止润滑油燃烧爆炸,应采取哪些措施?
2. 为了防止压力容器爆炸,应采取哪些措施?
3. 空压机压力调节器的作用是什么,动作压力怎样调整?
4. 填料函的装配要求是什么?

学习情境 3
通风机的修理与装配

任务导入

通风机在煤矿生产过程中起着非常重要的作用，安全规程规定必须要有双风机、双电源和双线路，其中一套工作，另一套备用。风机在出现故障时要及时修理，并应保证备用风机处在完好状态。

学习目标

1. 能读懂通风机的装配图。
2. 能对通风机的主要零部件进行修理与装配。
3. 能对通风机进行调整。
4. 能正确地进行安全控制和质量控制。

任务 1　装配图的识读

图 3.1　离心式风机外形

图 3.1 和图 3.2 为离心式风机和轴流式风机外形图。图 3.3 和图 3.4 为离心式风机结构图。图 3.5 和图 3.6 为轴流式风机结构图。

图 3.2　轴流式风机外形

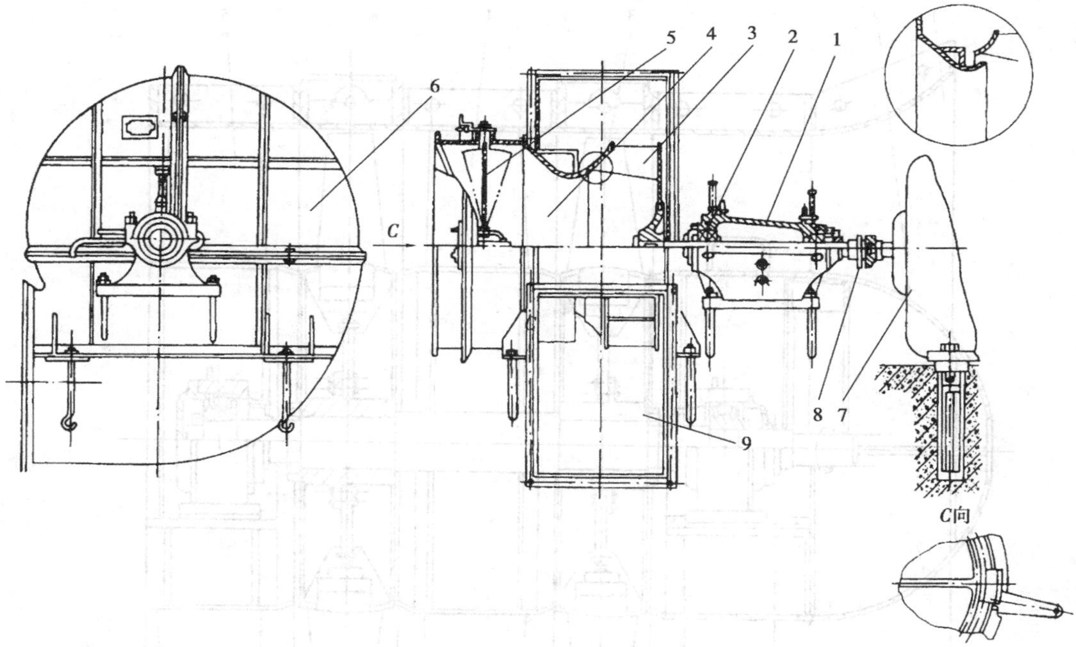

图 3.3　G4—73—11 离心式风机结构图
1—轴承箱;2—轴承;3—叶轮;4—集流器;5—前导器;
6—外壳;7—电动机;8—联轴器;9—出风口

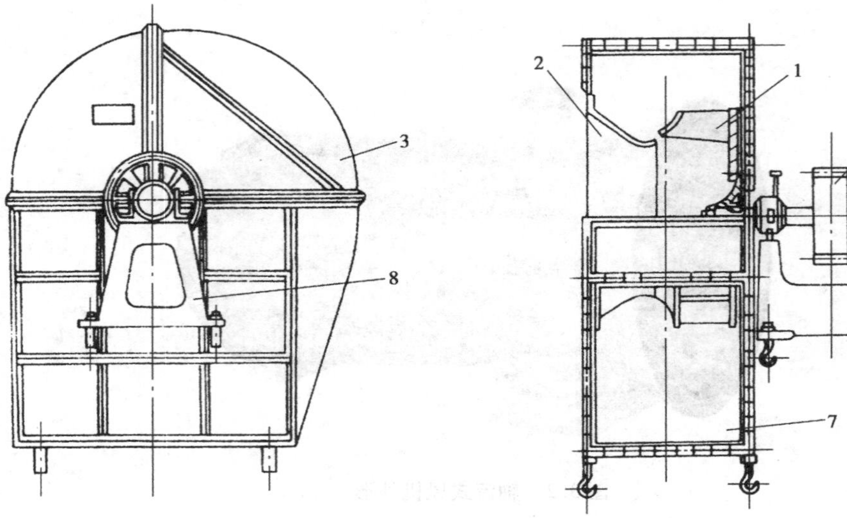

图 3.4　4—72—11 离心式风机结构图

1—叶轮;2—进风口;3—外壳;4—皮带轮;5—轴;6—轴承;7—出风口;8—轴承座

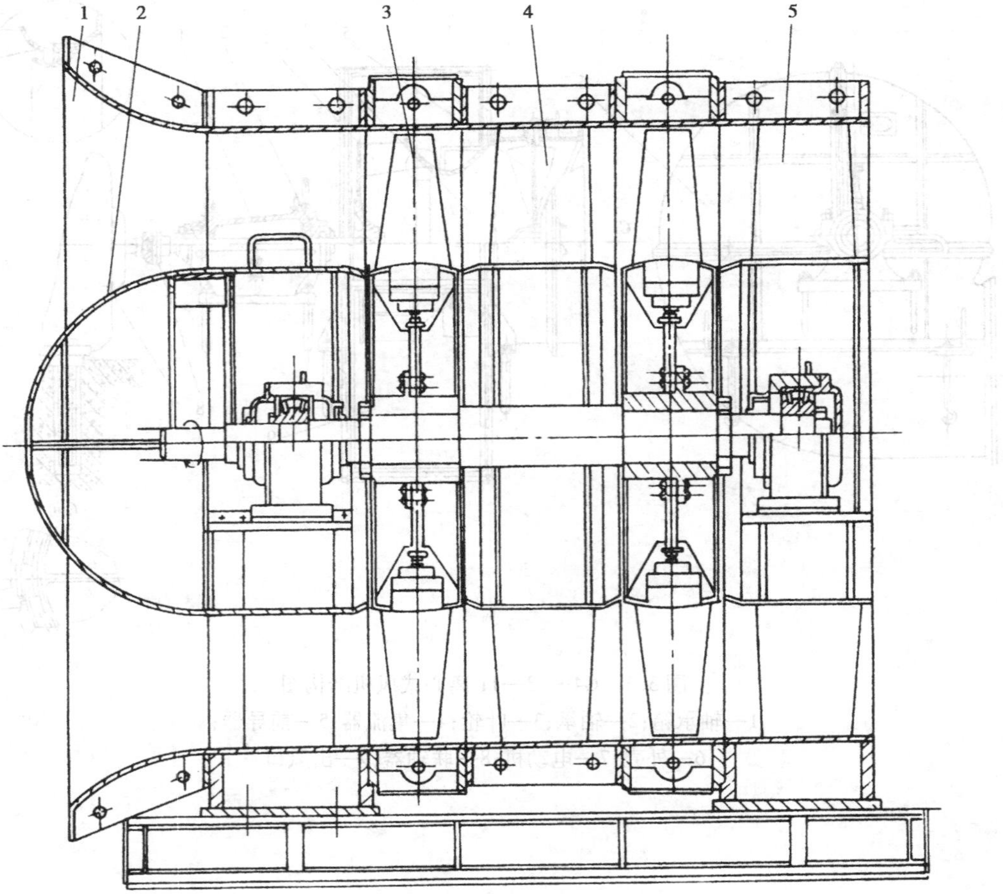

图 3.5　2K56 型轴流式通风机结构

1—集风器;2—前流线体;3—叶轮;4—中导叶;5—后导叶

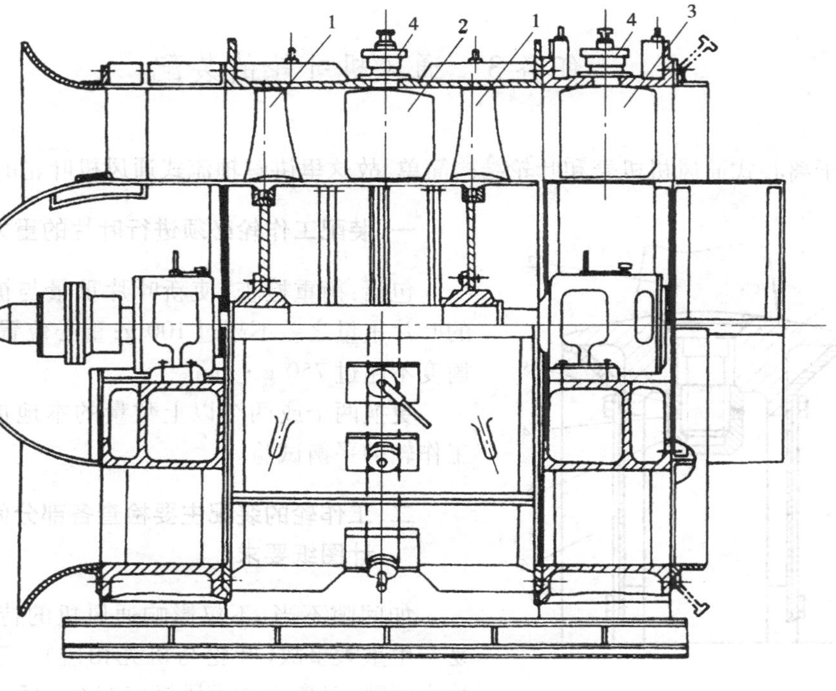

图3.6　2K60型轴流式通风机结构
1—叶轮;2—中导叶;3—后导叶;4—转动导叶机构

任务2　通风机的检查及主要部件的修理

通风机一般6个月进行一次全部检查,主要内容有:

1. 仔细检查通风机外壳的焊缝,特别是轴承支座及工作轮上的焊缝;
2. 检查传动轴及转子轴有无摆动,并检查它们的轴线是否重合;
3. 检查工作轮径向及轴向摆动;
4. 检查工作轮等机件有无裂纹、折断及中空之处;
5. 检查各机壳连接螺栓是否松动,机壳结合部分之间的石棉绳是否脱落;
6. 轴流式通风机取下叶片进行检查时,不可将叶片移置新位置,支杆上的螺纹要用石墨润滑剂润滑。坏的工作轮叶片(有裂缝、凹陷及支杆弯曲和杆上螺纹损坏等),用通风机制造厂的叶片更换,在特殊情况下可以在矿山修理厂按照制造厂的图纸及图纸中标明的材料制造叶片,在制造和修理叶片时,为保证通风机的特性要求,必须用样板检查截面外形的正确性,其修理方法可采用焊接。

离心式通风机:主要是焊接件,常见主要出现的问题是工作叶片及轮毂开焊,开焊后采用电焊或乙炔焰焊补。

任务3 通风机叶轮的装配

由于离心式通风机机壳和叶轮结构简单,故这里讲解轴流式通风机叶轮的装配。

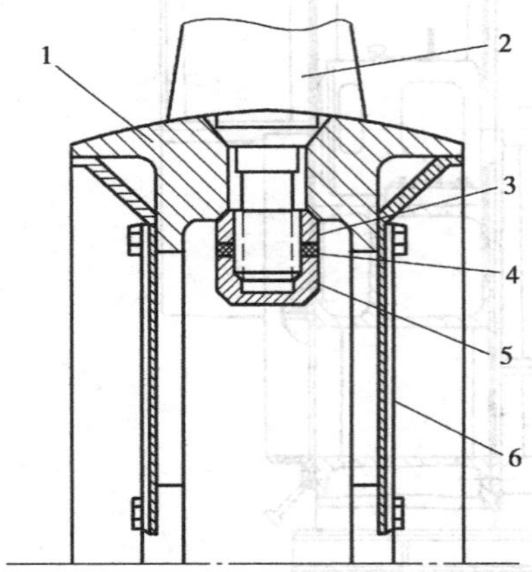

图3.7 通风机叶片装配图
1—工作轮;2—风叶;3—锥形螺帽;
4—防松垫;5—封头螺母;6—盖板

一、装配工作轮必须进行叶片的重力检查

包括:衡重检查,使新叶片重量与被替换的工作轮的叶片重量之差不超过100 g;重心位置的检查,其不平衡度不超过750 g·mm。

更换两个或两个以上数量的本地造叶片时应进行工作轮的平衡试验。

二、工作轮的装配主要检查各部分间隙是否符合设计图纸要求

如间隙不当,不仅影响通风机的特性和效率,而且易产生重大事故(叶轮与机壳相碰)。工作轮与机壳的最小间隙,对离心式通风机应在6~15 mm;对轴流式通风机不许小于叶片长度的1%~1.5%。

三、在装配工作轮时,要注意工作轮的旋转方向

装配叶片是按矿井要求的风量,风速计算出的叶片安装角度,使每个叶片安装角度必须保持一致。其装配顺序是将叶片2的杆及螺纹上涂上石墨,放在轮毂1孔内,拧上锥形螺帽3,再装防松垫4,然后上紧封头螺母5(见图3.7)。待每个叶片装好后,为防止煤尘和滴水进入轮毂,轮毂两侧再将盖板6用螺钉与轮毂固定。

任务4 叶轮尾端轴承座的拆卸、轴颈磨损修理方法及调整

一、叶轮尾端轴承座的拆卸

在轴承座中(见图3.8)有一套(36系列)双列向心球面滚子轴承和三套(73或75系列)圆锥滚子轴承。

拆卸:松开端盖螺钉取下端盖13,再拧下轴承盖8和轴承座连接螺栓,取下轴承盖8。由于三套圆锥滚子轴承与主轴的配合是2级精度第4种过度配合,很容易拆卸。其方法是将主轴吊起40~50 mm,然后用爪形退卸器卡住圆盘9,搬转退卸器的丝杠即可拆下三套轴承。双列向心球面滚子轴承(36系列)的拆卸方法是,将外座圈翻转一定角度(可将主轴再吊高些,便于翻转),取出滚动体,拆下外座圈。然后使用拆卸工具按图3.9的方法取下内座圈。

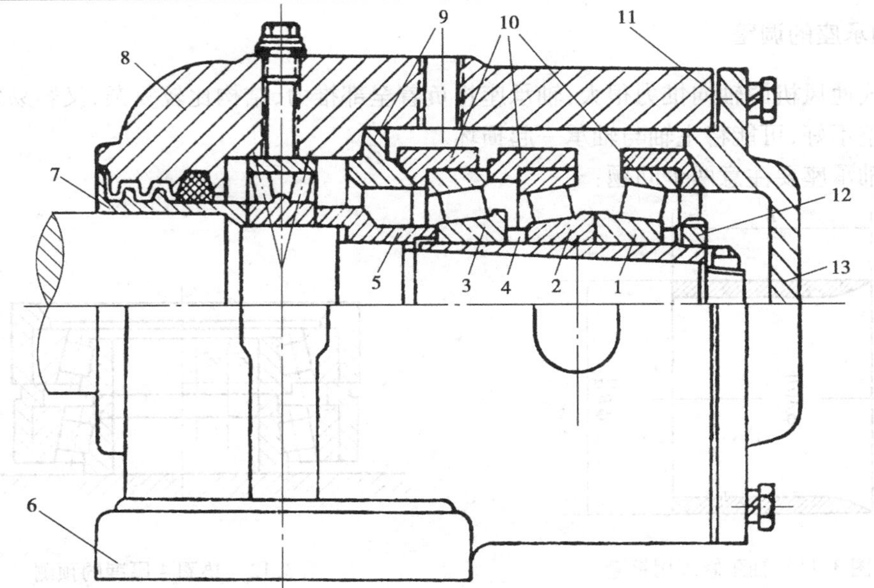

图3.8　叶轮尾端轴承座

1,2,3—圆锥滚子轴承;4—垫圈;5—轴套;6—轴承座;7—密封套;8—轴承盖;
9—圆盘;10—导套;11—调整垫;12—锁紧螺母;13—端盖

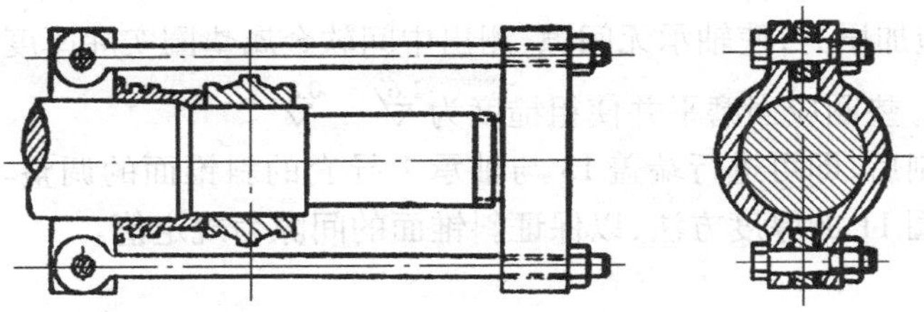

图3.9　轴承座内座圈拆卸工具

二、修复磨损的轴颈

大多数装滚动轴承的轴颈磨损,是由于轴承缺油,滚动体在滚道内不能灵活滚动,使外座圈间歇地同内座圈一起转动,摩擦产生高热,随之内座圈与轴颈间也产生间歇转动,从而使轴颈磨损。

修理方法是:先要看能不能修,其磨损深度不超过原直径 ϕB(见图3.10)的2%时,可用镶套方法修复。把轴卡在车床上,按两端没有磨损的地方用千分表找正,将磨损处进行精车,ϕA 不得小于 $0.95\phi B$。然后将加工好的钢套(见图3.11)加热到300 ℃左右,热装到车好的轴颈上,冷却后再精车至 ϕB。

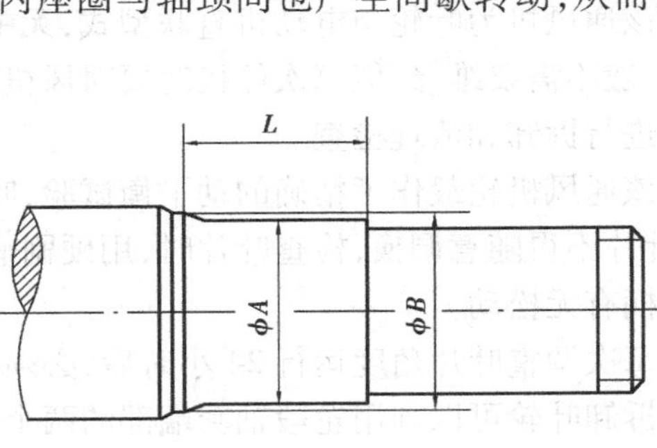

图3.10　轴颈磨损的修理

三、轴承座的调整

轴流式通风机的轴向推力很大，轴承座担负着全部推力，结构比较复杂，又容易发生毛病，轴承座调整不好，可能将主轴与轴承一起损坏。

调整轴承座要注意两个问题：

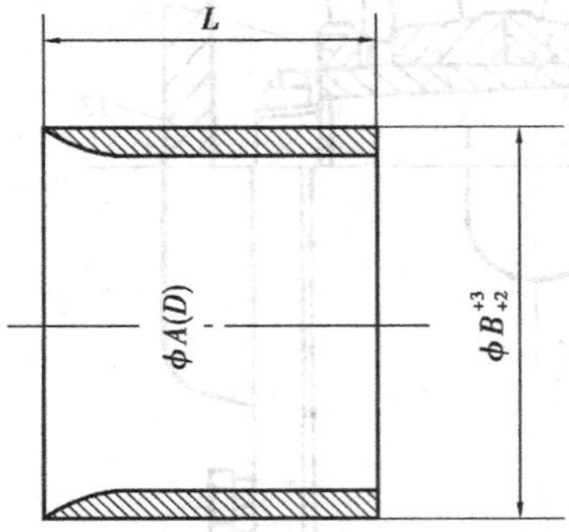

图 3.11　轴颈修理用钢套

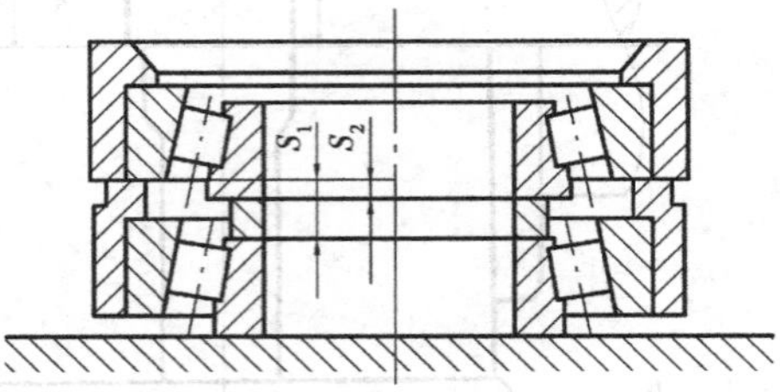

图 3.12　垫圈 4 厚度的预测

1. 圆锥滚子轴承 2 和 3（见图 3.12）和图 3.8 负荷必须一致，同时受力。圆锥滚子轴、承 2 和 3 受力能否一致，决定于垫圈 4 的厚度。垫圈 4 太厚则轴承 2 不受力；太薄则轴承 3 不受力。通常垫圈 4 的厚度采用压测方法进行配制。先将轴承装在导套内，然后在 2 和 3 轴承内圈中间放好实际尺寸大于间隙的软金属垫圈，其预测厚度按图 3.12 所示为 $S_1 - S_2$，再对轴承 2 内圈大端头端面施加压力，使轴承无间隙，测出中间软金属垫圈实际厚度为“S”后，配制厚度等于 S 的钢制垫圈。垫圈应当磨平并使粗糙度为 $\overset{1.6}{\nabla}$ ~ $\overset{0.8}{\nabla}$。

2. 当垫圈 4 配制后，即可进行端盖 13 与轴承 1 导套的斜锥面的调整。调整时，用增减端盖与轴承体之间垫圈 11 的厚度方法，以保证斜锥面的间隙为规定值。

任务 5　对旋风机的使用与维护

一、通风机部分

该通风机为叶轮与电动机直联型式，无中间传递功率装置，所以，通风机可以长期连续运转，一般不需要维修，但每次停机时要对风机叶轮进行外部零件清洁和检查，每隔半年对各大部件进行拆卸和清理检查。

该通风机轮毂作了精确的动平衡试验，叶轮也作了严格的动平衡试验，安装或检修中，端盖、叶片不得随意调换，检查叶片时，用硬刷清除掉轮毂上的煤灰，仔细检查叶片螺栓，看螺栓和叶柄有无松动。

每次调整叶片角度运行 24 小时后，必须再次紧固所有的叶片螺栓。

拆卸叶轮可以利用轮毂轴套端部的两个供叶轮装、拆的螺孔，用拔轮器将叶轮卸下。

二、电动机部分

该通风机设有电动机前、后轴承的测温仪表，位置于进、排油装置的同侧，可通过测温表观察电动机运转和润滑情况。

该系列通风机设置不停机加油、排油装置，可在运行中定期地向电动机的前后轴承注入二号二硫化钼锂基润滑脂，废油由排油管排出。

在电动机槽内及轴承座内埋有测温元件，用来检测电动机运行中定子温度和轴承温度。

由于电动机安装在主机筒内，必须通过定子、轴承测温表来掌握电动机的运行状况。一般情况轴承温度不超过85 ℃，电动机定子温度不超过110 ℃，均可不停机长期运行。在运行中，如果轴承温度短时间上升很快，应注入润滑脂，几小时内温度应下降。若再继续上升90 ℃以上，可能轴承应清洗或达到寿命应更换。

问题思考

1. 轴流式通风机叶轮装配时要注意哪3方面的问题？

2. 对旋风机轴承温度一般不超过多少度？电动机定子温度不超过多少度？

学习情境4 提升机的修理与装配

任务导入

煤矿生产中,一般提升系统没有备用提升机,因此要求提升系统能安全可靠地运转,否则轻者影响生产,重者可能造成重大事故。因此,必须及时合理地做好提升设备的维护保养与检修工作,以保证提升系统能正常运行。

学习目标

1. 了解提升机的维修制度。
2. 能对提升机的主要零部件进行修理与装配。
3. 能对提升机制动器进行调整。
4. 能正确地进行安全控制和质量控制。

任务1 提升机的维修制度

为了保证提升设备安全运转和提高工作效率,必须建立正常的检查和修理制度。一般包括:日检、周检(或半月检)、月检以及大、中、小修等。检修制度应该严格执行。

日检、周检和月检工作,主要以设备保养为主,同时为必要的调整和检修做好检查记录,为大、中、小定期检修积累资料。日检主要由运转人员和值班人员负责进行,并以运转人员为主,检查运转状况及经常磨损和易于松动的外部零件,以及有可能出现问题的关键零件。必要时进行适当的调整、修理和更换,并作为交接班的主要内容。周检和月检应由负责检修的人员和运转人员联合进行更多项目的深入检查。

提升机的小修一般应按周期图表的规定进行。直径2 m以下提升机小修间隔周期一般为3~6个月。直径2.5 m以上提升机小修间隔周期一般为9~12个月,在此期间应当保证设备正常地运转。中修周期:2 m以下提升机2~3年;2.5 m以上提升机5~6年。大修周期:2 m以下提升机8~10年,2.5 m以上提升机15年左右。

大、中、小修是设备持续和高效率运转的保证。因此下面将重点研究几个主要部件的修理、装配和调整工作。

任务2 卷筒的修理与装配

提升机卷筒，根据构造的不同分为铸造、铆接及焊接。一般直径 3 m 以下的卷筒都是铸造的，直径 4 m 以上的卷筒多数为焊接，1.6 m 以下为整体的，1.6 m 以上的为两半合一。轮辐有用灰口铸铁铸造的，也有用钢板焊接的；卷筒皮与轮辐间用螺栓或铆钉连接。卷筒与主轴间联结形式分固定联结和活动联结。固定联接用两个互成 120°的切向键固定在主轴上。活动联结卷筒的轮毂内装有青铜轴瓦，可以减少卷筒与主轴间的摩擦阻力，并有利于维修。

目前矿山使用的提升机卷筒皮，均用 12 ~ 18 mm 的钢板制成，在卷筒皮外表上装有木衬，作为钢丝绳的软垫，以减少钢丝绳的磨损。在木衬上刻成螺旋槽，有利于卷筒皮均衡承受压力，并防止钢丝绳变形损坏(图 4.1)。

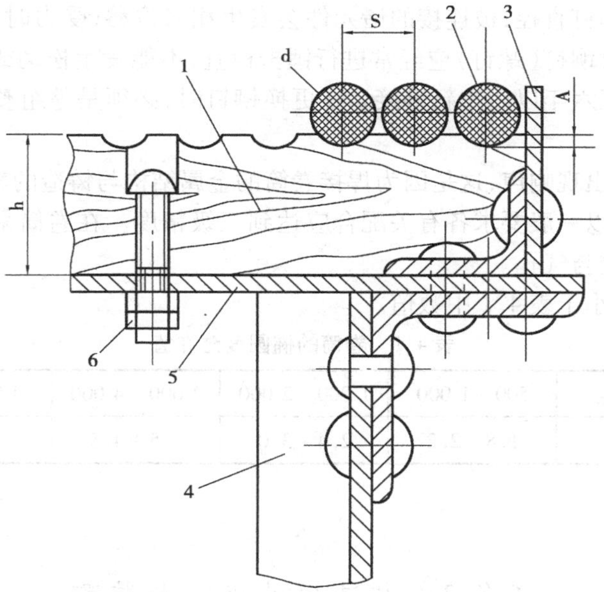

图 4.1 卷筒上木衬和卷筒皮与轮幅的连接

1—木衬；2—钢丝绳；3—钢板；4—轮辐；
5—卷筒皮；6—联结螺栓

实践证明，在新木衬状态下，卷筒运行时是比较稳定的。当木衬磨损到一定程度后，可能发出咔咔的响声，严重时，筒皮被压弯或发生裂纹。这是因为，当木衬严重磨损未及时更换，载荷将集中于筒皮的某一部分，在应力重复多次作用下，便产生筒皮弯曲或裂纹。

木衬磨损到原厚度的 25% ~40% 时，就要停车，根据具体情况，采取全换、部分换或局部修整。

滚筒衬木应用柞木、橡木、水曲柳、榆木或桦木等硬木制作。尽可能不用松木，因为松木在横过纤维的压力作用下会分裂,寿命低,只用一个多月至几个月便可能损坏。

木衬每块厚度应不小于钢丝绳直径的两倍,一般为 150 ~ 200 mm。宽度根据卷筒直径适当选取,一般在 100 ~ 150 mm,太宽,钢丝绳缠绕时容易劈缝。木衬断面应加工成扇形,里外圆弧半径均应与卷筒半径相等和平行,长度应一致,装配时紧贴在卷筒皮上。

固定卷筒衬木用的螺钉头,应沉入木衬厚度的 1/2,以免木衬有一定磨损时钢绳与螺钉头接触,全部木衬固定后,应用木块沾胶水将钉孔塞死,并用木楔将各类缝塞满。使用中,当木衬磨损到螺钉头的沉入深度不足 10 mm 时,要重新更换。

卷筒木衬必须刻制沟槽,沟槽的深度及螺距与钢丝绳直径有关,其关系式如下:

$$A = 0.35\,d$$

$$S = d + (2 \sim 3)\,\text{mm}$$

式中 A——沟槽深度,mm;

S——螺距(两相邻沟槽的中心距),mm;

d—— 钢丝直径,mm。

提升机卷筒发出响声是非常普遍的现象,特别是铆接式或螺钉连接起来的。由于不断工作,使钉孔直径大于铆钉直径,被连接的诸元件会发生相对位移,受力时即发出响声。为确保卷筒长期正常运行,对铆钉(螺钉)应经常进行锤击检查,不能发生松动或扭偏,必须保持紧固良好,并在卷筒运转五六年以后重新铆接。在更换铆钉时,必须是整组整列,防止其中某一个松动而造成声响。

有时焊接卷筒也出现响声,这是因为焊接卷筒的金属结构与铸造的轮毂配合不紧密,产生相对移动而引起。所以一般要求各有关配合应达到三级精度。在卷筒采取焊接措施后,应检查焊接质量,有无裂纹与气孔。

卷筒的椭圆度应小于表 4.1 中数值。

表 4.1　卷筒的椭圆度允许值　　单位:mm

卷筒直径	500 ~ 1 000	1 000 ~ 2 000	2 000 ~ 4 000	4 000 以上
椭圆度	1.8 ~ 2.2	2.4 ~ 3.0	3.5 ~ 4.5	5.0

任务 3　减速器的修理与装配

减速器齿轮的修理与装配质量的主要标志,是齿间啮合间隙及其接触面积是否良好正常。

检查齿轮时,如发现有齿面磨损不均、反常痕迹或局部剥落情况,应立即检查齿轮中心距、各轴不平行度、齿轮啮合间隙、各轴承的不水平度、不同轴度及接触情况、润滑油质量情况及是否有其他金属或非金属物质掉入减速箱中,以及齿轮、键和螺帽是否松动等。检查中发现某一齿面剥落,但面积不超过齿轮有效啮合面积的 30%,其他各部正常时,可以继续使用。当然齿面剥落不断增加,运行状况逐渐恶化,应立即进行更换,实践说明:沿齿宽(尤其是分度圆上下)出现均匀的不太严重的剥蚀现象时,只要加强润滑与及时维护检查,还可以使用一个阶段,甚至很长时间。当发现两个齿轮磨损程度相差很大不能继续配合使用时,尽量只更换小齿轮。

一般减速箱与箱盖或法兰盘等连接，可采用垫片或涂料方法密封。用涂料法（红丹或沥青）密封，在拆卸时较困难。用垫片法较普遍，垫片材料有纸板、铜片、铅片、耐油橡皮、皮革等。需要密封的接触表面积大、粗糙，垫片的厚度应加厚。装配时垫片必须压紧，拆卸时如发现垫片已失去弹性或损坏，应立即更换。如图4.2为接合处的密封图，其中(a)用纸板垫作密封；(b)用聚氯乙烯绳或铜、铅丝做密封（单根或数根），效果较好；(c)用纸板垫和止口密封；(d)用刮研的锥形止口密封。一般对大型箱体，尤其易变形的焊接箱体，还应采用专用的涂料或水玻璃填满接合缝更为可靠。在减速箱体接合表面上加回油槽对防渗、漏油有一定作用。

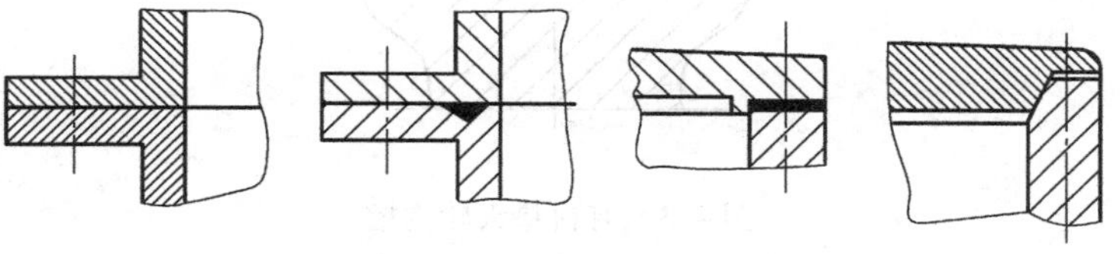
(a)　(b)　(c)　(d)

图4.2　减速箱或法兰盘接合处的密封

任务4　天轮的修理与装配

天轮是连接井筒与卷筒中间的导绳轮，如发生故障（如钢绳跳出）就会发生重大事故，因此，天轮的修理与装配应符合下列要求：

1. 关于天轮沟槽的质量要求，无衬垫的V形天轮沟槽不得有裂纹、气孔等。沟槽直径应参照表4.2。

表4.2　无衬垫天轮沟槽质量标准　单位：mm

钢绳公称直径	26以下	28	30	32.5	34.5	37	39	43.5	52
V形沟底直径	28~29	30~31	32~33	35.5~36	36.5~38	39~41	41.5~43	46~48	55~56
允许侧面磨损	3	3.5	3.5	3.5	4	4	4	5	5
允许沟底磨损	按厚度的20%计算								

有衬垫的天轮，无论是胶质或木质的都不得松动，有关尺寸参照表4.3和图4.3。

表4.3　有衬垫天轮沟槽质量标准

新制品	使用极限	说　明
$A=0.35d$ $h=1.5d$	$A'=d$ $b>0.5d$	达到或超过使用极限时应重新更换

注：A—衬料沟槽深度；d—钢丝绳直径；h—钢丝绳的外缘到天轮沟槽外缘的径向高度；b—钢丝绳与天轮沟槽内侧间的间隙

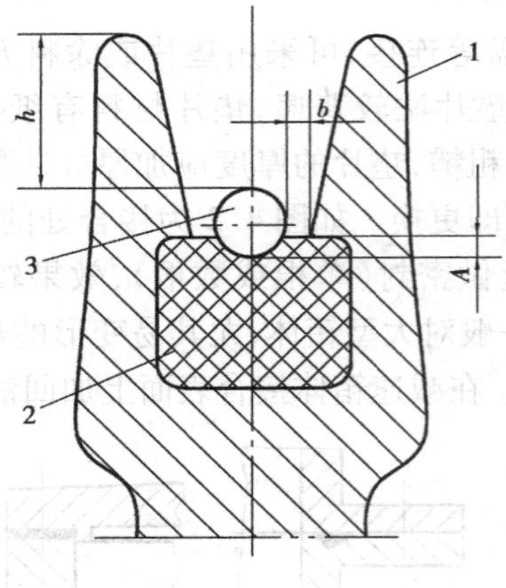

图 4.3　有衬垫天轮沟槽

1—天轮;2—衬垫;3—钢丝绳

2. 天轮的径向跳动和偏扭不得超过表 4.4 的规定。

表 4.4　天轮的径向跳动和偏扭允许值　　单位:mm

天轮直径	径向跳动量		偏扭度	
5 000 以上	3	6	5	10
5 000 ~ 3 000	2	4	4	8
3 000 以下	2	4	3	8

3. 天轮辐条不得弯曲,辐条卧于轮毂和边缘部分必须紧密不得松动。

问题思考

1. 衬木的作用是什么?
2. 衬木的厚度在磨损到什么程度时应该更换?
3. 减速箱密封可以采用哪些方法?

模块2 矿山机械的安装

学习情境5 设备基础建造

任务导入

矿山较大型的固定设备，本身具有一定的重量，此外，机器在运转时，有一定的摆动和震动，前者系静载荷，后者为动载荷，一般的地坪是不能承受这两种载荷的，所以，机器必须要安装在基础上，使载荷作用于基础，再由基础传到地基上。

学习目标

1. 了解基础的概念及尺寸确定。
2. 掌握基础建造的一般程序及要求。
3. 掌握木模的制作方法。

4. 掌握木模的固定方法。

5. 懂得混凝土的水灰比、配合比的确定方法,能够对混凝土进行保养和拆模。

任务1　基础的概念及尺寸确定

机器设备的地基与基础,要满足下列3个条件:

1. 在静和动的载荷作用下,有足够的强度和稳定性;

2. 基础的振动,无论是自然振动或强迫振动,它的振幅不应超过容许值;

3. 不应有很大的沉降,尤其是沉降差,因为它将造成机器的倾斜,影响机器的正常工作和使用寿命。

要避免倾斜,必须使机器和基础的合成重心与基础的形心尽量落在同一垂直线上,偏心数值不应大于底边长的5%,当仅有5%的偏心发生时,在底座两端边缘上的压力差,等于平均压力的60%,像这样的压力若作用在较软的土上,就可能造成基础的很大倾斜。

机器的基础图一般和机器一起运来,若没有基础图,或基础图上没有注明基础深度时,需要计算确定。

基础的质量按下式确定:

$$G = \alpha G_m$$

式中　G——基础的计算质量;

G_m——机器的质量(由设备说明书查得);

α——负荷系数,对绞车取 $\alpha = 20$。

根据基础的计算质量计算基础的体积:

$$V = \frac{G}{G_1}$$

式中　V——基础体积,m^3;

G——基础质量,kg;

G_1——基础单位体积的质量,kg/m^3;

混凝土基础按 $G_1 = 2\ 000\ kg/m^3$ 计算。

在基础体积求得后,尚需确定基础的面积和深度,基础的面积是根据基础图算得或按机座每边加宽100~300 mm来确定的,在面积确定后,就能确定基础的深度。埋入地面下基础深度要在当地平均冻结深度以下。这里所确定的基础面积要经过地基允许承压力的验算。各种地基的允许承压力,集岩——0.6 MPa;坚固泥质——0.4 MPa;稍坚固的沙子——0.2 MPa;松软泥质——0.1 MPa。如超过地基的允许承压力,则基础可做成正阶梯形,或在地基上打木桩、铁管建造人工地基。

若地基是硬的岩层,是整体的,那么这地基就是很好的基础,只需将安装机器的地方铲平,将需留坑的地方加工出坑来,在装置地脚螺栓的地方钻孔,以便在安装时放入地脚螺栓。如果地基是软土,就必须做一层混凝土的基础底板,若不做这一层基础底板,则松土会放出或吸收水分而收缩或膨胀,这样会引起基础的变形而产生裂缝和引起整个结构物损坏及发生事故。做基础底板时先在基础坑内平铺一层厚300~400 mm的块石;平紧后,灌上水泥砂浆,使水泥砂浆充满石子空隙，形成坚固的底板。在水泥砂浆浇灌后6～7天就可开始浇灌混凝土基础。

任务2　基础建造的一般程序及要求

一、基础施工的一般程序

1. 根据基础施工图和提升中心线，主轴中心线放线，挖土石方，夯实基础（若是软土，须做一层基础底）；

2. 制作和安装木模板，准确地安装地脚螺栓的预留孔木模；

3. 测量检查标高、轴线及各部位尺寸；

4. 配制、浇灌混凝土。浇灌混凝土后8小时就要拆除地脚螺栓预留孔模板，否则时间一长，预留孔模板就不易拔出；

5. 进行基础的保养。

二、基础允差及强度要求

设备基础的施工允差可采用表5.1所列规范。

基础的强度要求：

在设备安装前应对基础的强度进行测定，有条件的地方也可做压力试（做压力试验时需另做试块），对这类提升机基础可采用钢球撞痕法进行试验（如图5.1）。当采用钢球撞痕法进行试验时混凝土强度与钢球撞痕直径的关系见表5.2，当混凝土强度达到设计强度60%以上时便可进行安装（一般不少于10～12天）。但设备精平调整把紧地脚螺栓时，必须待基础达到设计强度才可进行。

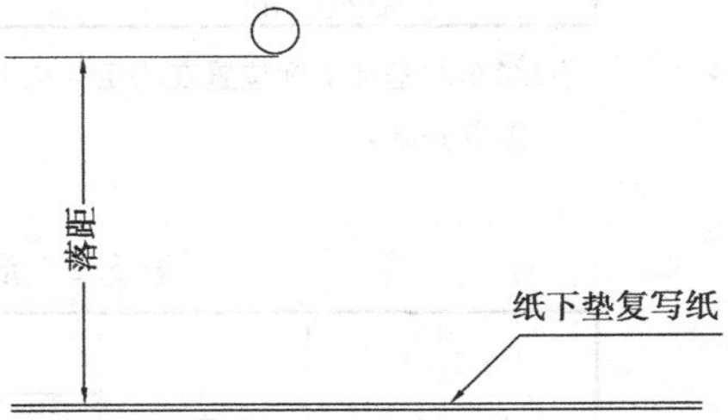

图5.1　钢球撞痕法进行试验

表5.1　设备基础施工的允差

序　号	项　目	允差/mm
1	基础坐标位置（纵横轴线）	±20
2	基础各不同平面标高	+0 -20
3	基础上平面外形尺寸 凸台上平面外形尺寸 凹穴尺寸	±20 -20 +20
4	基础上平面不水平度（包括地上需要安装设备部分） 每米 全长	 5 10

续表

序　号	项　目	允差/mm
5	基础沿铅垂面的不铅垂度 每米 全高	 5 20
6	预埋的地脚螺栓的标高(顶端) 中心距	+20 −0 ±2
7	预留地脚螺栓孔的中心位置 深度 孔壁的铅垂度	±10 +20 −0 10
8	预埋活动地脚螺栓的锚板的标高 中心位置 不水平度 带槽的 带螺纹的	+20 −0 ±5 5 2

注:绞车的基础坐标位置在决定与提升线相互位置的尺寸要求应较高,否则卷筒落入卷筒坑时易擦着基础。

表 5.2　混凝土强度与撞痕直径的关系

钢球直径/mm	落距/m	混凝土强度/N				
		400	600	800	1 100	1 400
		钢球撞痕直径/mm				
50.8 (2″)	2	1.40	1.30	1.20	1.10	1.02
	1.5	1.25	1.17	1.10	1.00	0.92
38.1 $\left(1\frac{1}{2}''\right)$	2	1.08	0.98	0.90	0.80	0.74
	1.5	0.96	0.88	0.83	0.75	0.71

任务3　木模制作

为了达到基础施工图要求的设备基础的形状和尺寸,就必须以基础施工图为依据,画出各个木模图(为了便于木工看图,最好画成轴测图),然后根据这些图纸做出各个木模,在浇灌前固定在基础坑内,以便浇灌成形。

一、木模制作的基本要求

1. 具有要求的形状、尺寸；

2. 具有足够的强度，以避免破坏和过大变形；

3. 装配和拆卸方便；

4. 考虑到浇灌和捣固混凝土方便。

二、木模制作

木模所需木料可用湿料，如用干料在浇灌混凝土前要发湿，目的是避免吸收混凝土水分，如是干料发胀后卡紧不便拆卸，木板的厚度应根据受力情况而定。对材质一般无特殊要求，但应注意节约，尽量不用较贵重和很重的木料。

木模的制作可分为两类，一类是地脚螺栓预留孔木模，另一类是除预留孔木模以外的大框类模板。而前一类常用分板(15 mm 左右)；后者常用寸板(30 mm 左右)。地脚螺栓预留孔木模的制作要特别注意便于拆除，如忽视了这一点，将浪费较多的劳动力来拆模，甚至影响到工程进度和质量。

1. 地脚螺栓预留孔木模的制作

对预留孔木模的结构各地有许多不同的作法，下面介绍一种作法供施工时参考，效果很好(如图5.2，图5.3)。

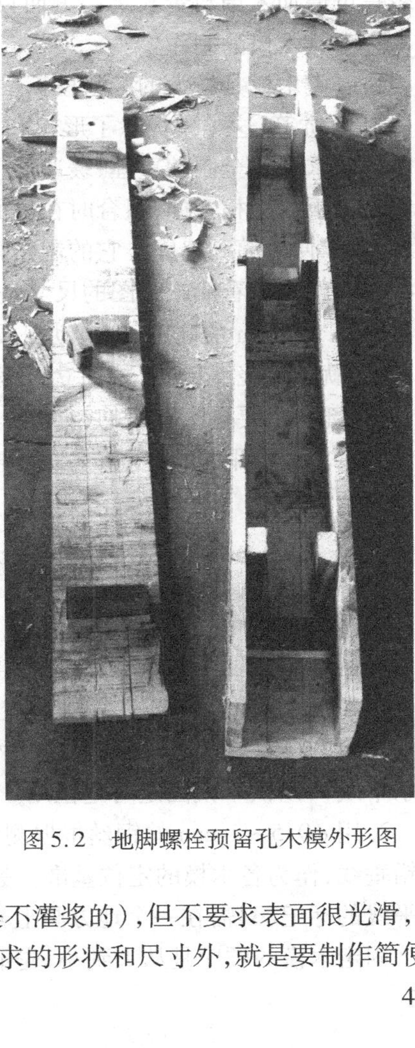

图5.2　地脚螺栓预留孔木模外形图

(1)每一面应是两块以上的板子拼成，最好是三块(有些很窄面可由两块拼成)，并且中间一块做成上大下小(拆模时最先拆除)。

(2)每面用2~4个木销把几块板牢固地钉在一起(木销应厚一点，否则模易变形或钉不牢)，面与面间的组合也是靠木销在中间起连接作用，组合时用钉子把每面的模板钉在木销的横头上。千万注意：面板与面板之间不能用钉子直接钉住，而应和木销牢固地钉在一起，否则将造成拆模困难(特别是很深的孔)。

(3)底子应嵌入木模腔内，不能蒙在底下，这样可以避免底子陷死在预留孔内而拆不出，底子嵌入后可用2颗小钉在不同面上钉住，但不能钉在最先拆除的那几块板上。

(4)每个预留孔木模应加长一段固定，以便支模时固定和避免浇灌时混凝土流入腔内，固定长度一般取100~200 mm，这要视具体情况而定，如安全制动梁座子地脚螺栓预留孔一般都靠着大木模板，固定时可直接附在上面，这样固定长度可取短点。

(5)地脚螺栓预留孔内一般都要再次灌浆(也有些是不灌浆的)，但不要求表面很光滑，所以木模表面不要求推光。对这种木模的要求除了达到要求的形状和尺寸外，就是要制作简便，

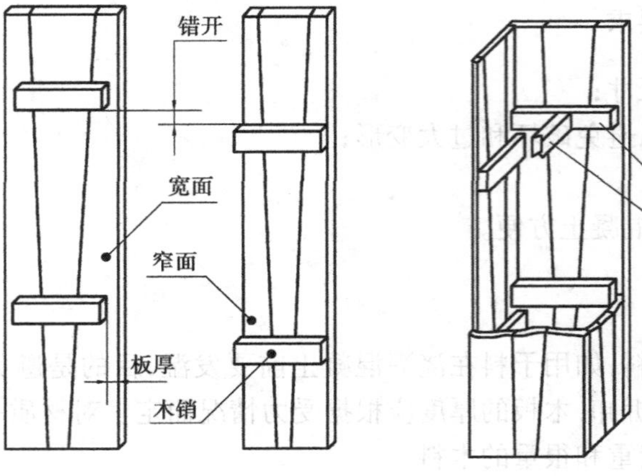

图 5.3　地脚螺钉预留孔木模结构图

拆除容易,但又要求较结实,能承受混凝土的压力和捣固作业时不致被破坏,木模的拆除和强度是一对矛盾,但只要销条能结实地把各面都牢固地联结在一起是能达到强度要求的(如木模较长可增加木销数量),另一方面只要注意了钉法也是不难拆除的。

2. 腔状木模的制作

另一类木模是较大的腔状模板(如卷筒坑、安全制动重锤及缓冲器坑或小地下室)、减速器(装置)坑等,这类模板除了形状和尺寸等基本要求外,要考虑组装方便,定位容易,如卷筒坑木模要求和安全制动重锤、缓冲器(或小地下室)成一整体,而这些木模又较大,所以制作时应考虑模板的互相穿插,组合时在里面加木条钉住,这样较为方便。这种木模的制作一般都不要底子,以便浇灌和捣固。它的制作高度应和要求灌浆深度相等(在要二次灌浆的地方,在确定灌浆深度时要看清施工图的尺寸是否已减去二次灌浆高度,所有需要二次灌浆的地方都应留出 80 ~ 100 mm 的高度,如电动机要采用有滑槽固定时,还应减去滑槽高度)。在这次浇灌后,有些就不再浇灌二次(如独立机座式的基础上表面、卷筒坑内表面等),这就要求较平整光滑;有些部位是要再次灌浆的(如整体机架式基础的表面、减速器坑、电动机基础等的表面),这就只要求表面平整,便于放垫铁调整。

任务 4　木模固定

在基础坑清理完后,便可固定木模。在固定木模前应做好以下准备工作:

1. 在每个木模上画出十字中心线,卷筒坑木模的十字中心线应是提升中心线和主轴中心线在木模的位置线,地脚螺栓预留孔木模还应在留的固定长度处画出实际浇灌线(即基础表面水平线),以供木模固定时定位用。

2. 用 $\phi 0.5 \sim 1$ mm 的钢丝根据测量标记挂上十字中心线,并在两条中心线上共挂上 4 ~ 5 个铅垂线,作为各木模的定位基准。另外还应按照基础施工图在机房壁上画上一次灌浆高度水平线的标记(只需在一个地方画上)。

固定木模的顺序是从大到小,先下后上,先固定安全制动重锤、缓冲器坑、卷筒坑的木模,把这些木模的左右位置根据十字中心线调正，高低位置根据机房壁上所标的基准调好，还应把大木模本身的水平调平，这时又会影响到整个木模的标高，一般绞车的主轴标高误差不超过±20 mm，考虑到机械安装时的累计误差，基础标高的误差应该小一些，只要标高误差不大可不再进行调整（因这些木模很笨重，调整起来较困难，也没有必要）。木模调整好后，在其顶部选一地方作为浇灌水平面基准，以后安装各木模时的标高都以这一点为准。木模调水平时可用胶管水平仪测量其水平高差。固定的方法一是垫石块或砖（离底面近的，石块要结实、干净，以后就浇在混凝土里面），二是吊、拉。不同的提升机有不同的基础，而固定的方法也是多种多样的，需根据具体情况灵活掌握。提升机的卷筒坑是呈阶梯形的，那么就应该从底下垫上来，一个木模重叠一个木模（如图5.4），通过对木模的上吊下垫，就可把这些大木模固定牢实。

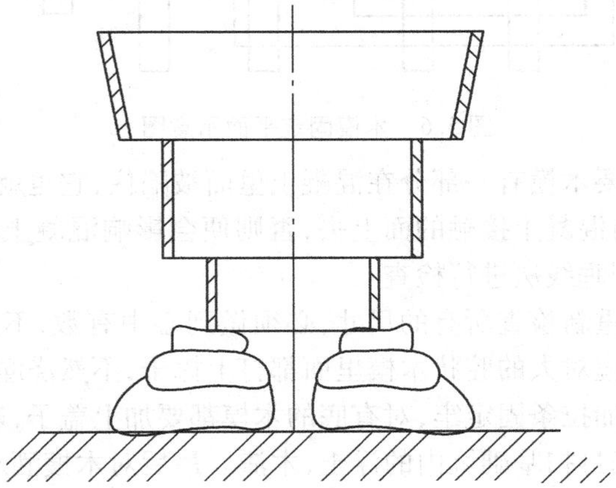

图5.4　木模从下面垫起

一般卷筒坑木模上方可放两根梁，并以顺着提升中心线放为宜，梁的下边缘要求离木模的上边缘有大于100 mm的距离，这些梁以后上边还要搭板子供浇灌时站人用，因此要求梁的刚度较大，如果产生过大变形将引起木模上表面的水平误差过大。这些较大的木模都应该在坑内组装。在移动大木模调正时，可先在木模上边缘画的中心线处钉上直立的大钉子，在木模摆到大概位置后，把十字中心线上的垂线移近钉子处，但不能靠着木模，这时大家在坑内移动木模时都应注意让上面的钉子与垂线对齐，避免盲目行动，这样便可迅速地将木模位置调好。

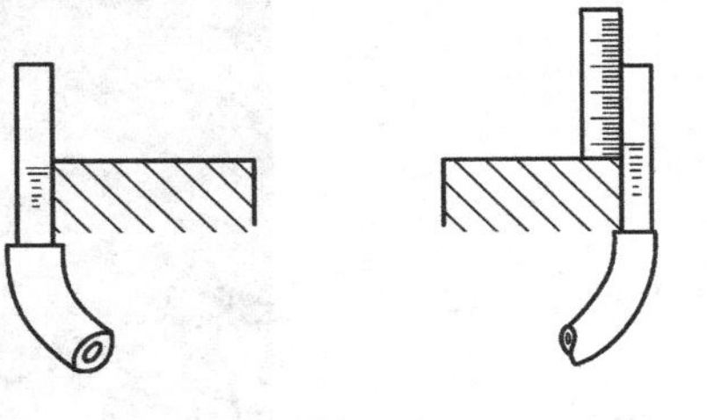

图5.5　胶管水平（水柱水平器）

木模水平的调整可用胶管水平（水柱水平器）进行调整（见图5.5）。

在固定减速器（装置）坑木模时，可先把木模放到坑下，上面顺提升线方向放一根梁，然后把木模的几只角栓上绳子，一齐把它吊起来栓在梁上，用移动梁的位置和调绳子来调整木模的位置，待调得较准后应用木条将木模吊（拉）牢在梁上后再细调。对有些靠得较近的地脚螺栓预留孔木模，可先将这些木模组成一个整体，再对这个整体进行定位调整较为简便（如电动机、制动器、缓冲器等的地脚螺栓预留孔）。图5.6为一种基础的木模固定平面示意图。

对有些较深的预留孔木模单靠上边固定是不行的，在浇灌时一旦受到混凝土的压力和捣固作业便产生偏斜，这就要在它的中部钉上一些拉条固定，浇灌时当混凝土接近这些拉条时便

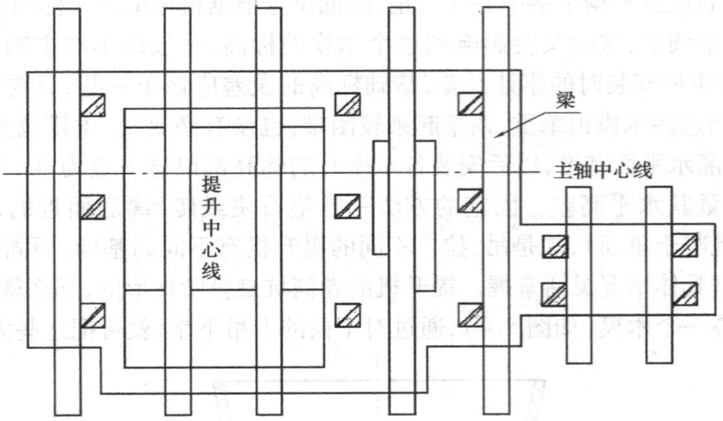

图 5.6 木模固定平面示意图

把它们拆掉，这是因为只要木模有一部分在混凝土里面被陷住，它也就不易再摆动了。在固定时应注意木条不能钉到与混凝土接触的面上去，否则便会影响混凝土基础的形状。在检查预留孔木模的垂直度时可用垂线法进行检查。

在木模固定好后，要重新检查所有的尺寸，必须做到心中有数，不然在浇灌后再改就困难了。在尺寸检查无误后，应对大的腔状木模里面都打上撑子，不然浇灌时会产生变形甚至遭到破坏，对摇动的木模必须加拉条固定牢，对有底的木模都要加上盖子，避免浇灌时混凝土倒入，以上工作做了后便可彻底打扫基础坑内的浮土，木渣。最后对木模洒水让它发湿，以免吸收混凝土里的水分而影响混凝土的强度。另外对那些较大的会漏浆的缝子还要在浇灌前糊住。

图 5.7 为一施工现场的木模固定照片。

图 5.7 木模的固定

任务 5 混凝土浇灌、保养及拆模

混凝土的浇灌是一个工作量较大的工作，在施工前应充分作好材料准备，工具准备，劳动组织，并有专人检查质量，具体做法如下：

一、标号及配合比的选择

提升机的基础混凝土标号可取 C10～C15 号，在能保证施工质量时标号可取低些；如对混凝土水灰比，捣固，水泥等质量不能确实保证时标号应取高些。二次灌浆的混凝土标号应比基础标号高一级。水泥标号应为混凝土标号的 2～2.5 倍，一般选用 32.5～42.5 号水泥。

在确定了混凝土、水泥标号后，便可根据石子种类，捣固条件等来选择水灰比（见表 5.3）和选择配合比（见表 5.4），也可根据有关手册计算出水灰比等，但查表已能满足施工要求。

表 5.3　常用混凝土的水灰比

粗集料类别	水泥标号	混凝土标号				
		C10	C15	C20	C25	C30
碎石	32.5	0.70	0.60	0.50	—	—
	42.5	0.80	0.70	0.60	0.50	—
	52.5	—	0.80	0.70	0.60	0.50
砾石	32.5	0.65	0.55	0.45	—	—
	42.5	0.75	0.65	0.55	0.45	—
	52.5	0.85	0.75	0.65	0.55	0.45

表 5.4　混凝土组成部分的重量配合比例

粗集料种类	水灰比	稠度较干、用振动器捣实、体积较大、具有少量钢筋的混凝土	稠度适中、具有普通数量钢筋的梁或柱、用人工式振动器捣实的混凝土	稠度较湿、具有大量钢筋及断面较小的结构物的混凝土
碎石	0.50	$\frac{330}{1:2.1:3.5}$	$\frac{370}{1:1.8:3.2}$	$\frac{410}{1:1.6:2.7}$
	0.60	$\frac{280}{1:2.5:4.3}$	$\frac{320}{1:2.2:3.5}$	$\frac{350}{1:1.9:3.3}$
	0.70	$\frac{240}{1:3.0:4.9}$	$\frac{270}{1:2.7:4.2}$	$\frac{300}{1:2.3:3.7}$
	0.80	$\frac{210}{1:3.5:5.6}$	$\frac{230}{1:3.2:5.1}$	$\frac{250}{1:2.8:4.6}$
	0.90	$\frac{180}{1:4.6:6.4}$	$\frac{200}{1:3.6:5.6}$	$\frac{220}{1:3.2:5.2}$
砾石	0.45	$\frac{330}{1:1.8:3.5}$	$\frac{370}{1:1.6:3.0}$	$\frac{410}{1:1.4:2.6}$
	0.55	$\frac{280}{1:2.2:4.1}$	$\frac{320}{1:1.9:3.5}$	$\frac{350}{1:1.4:2.6}$
	0.65	$\frac{240}{1:2.7:4.9}$	$\frac{270}{1:2.4:4.2}$	$\frac{300}{1:2.0:3.7}$
	0.75	$\frac{210}{1:3.1:5.2}$	$\frac{230}{1:2.8:5.0}$	$\frac{250}{1:2.5:4.3}$
	0.85	$\frac{180}{1:3.7:6.4}$	$\frac{200}{1:3.4:5.5}$	$\frac{220}{1:3.0:5.0}$

注：1. 稠度视施工操作条件来决定。设备基础的混凝土稠度选用中稠度较为合适，即坍落度 3～10 cm；

2. 分子的数值表示水泥用量（kg/m^3），分母的数值表示混凝土的重量配合比例（水泥：砂：石子）。

二、材料的准备

根据选出的配合比按实际需浇体积算出所需材料的用量,并应准备得十分充分,不能在浇灌时发生材料不足的问题。砂的单位体积质量是 1 400 ~ 1 650 kg/m^3(干重)。砂要干净,其中的黏土、游泥和尘土等杂质的限量一般不得大于 5%(以重量计);硫化物质及硫酸(SO_3)不得大于 1%。石子的单位体积质量是:碎石为 1 700 ~ 1 900 kg/m^3。砾石为 1 600 ~ 1 800 kg/m^3。石子中杂质的限量与砂相同。如杂质过多,在使用前应用清水洗干净。对水的要求是不能含有油质、糖类与酸类等杂质。

三、设备及工具准备

由于混凝土搅拌的工作量很大,最好采用机械搅拌,若人工搅拌,要按劳动组织准备好砂盘(铁板)、铁铲、运输、捣固工具等。

四、劳动组织

按需要组织好各组,如是人工搅拌,应先估计需要几班的工作量,组织好搅拌,材料的供应、运输、捣固等各组人员。

五、施工方法

1. 用搅拌机搅拌——加料时,先用磅秤将水泥、石子、砂称好,先倒砂后倒水泥和石子。开始转动机器时放入足量的水即可。

2. 人工搅拌——加料方法同上,先干拌三次,将水泥和砂拌均匀,在将其铺平,然后倒上石子,随即一面加水一面翻拌。经过三次搅拌均匀之后即成。

3. 捣固——最好采用插入式震动器捣固,如没有可用 $\phi10 \sim 16$ 的圆钢条人工捣固,以捣出水泥浆为止。每倒入 200 ~ 300 mm 高的一层就捣固一次,以减少其中的空隙,使内部充实。

六、混凝土的养生期和拆模期限

基础的养生期为 7 ~ 10 天,在这时期内应经常充分浇水,使模板湿润,并用草袋等物覆盖。拆模一般是在混凝土强度达到设计强度的 50% 左右进行。地脚螺栓顶留孔应在浇灌后 8 小时左右拆除。

七、拆模方法

对大模板一般拆的时间较晚,且比较好拆,拆模时间为:当气温在 5 ~ 10 ℃时,为 5 ~7 天;在 15 ~20 ℃时,为 3 ~4 天。一般不存在什么问题,如果不影响安装,可以尽量多保留一些时间。对地脚螺栓预留孔的模板,应先用钢钎把模板中间钉的木销全部凿掉,并把它们取出来(可用磨尖了的圆钢条或用一头钉了一颗尖钉子的木棒),这时各板子之间就全部散了架,再用钢钎把它们撬松,即可一块一块地取出,取的时候先取中间的上大下小的那块,要一面一面地撬松、取出,不要同时都撬松,以免堵住中间的空间,使板子摇不动。如撬松后取出还费力,可用图 5.8 的方法用铁丝将模板套住利用杠杆将它抽出。

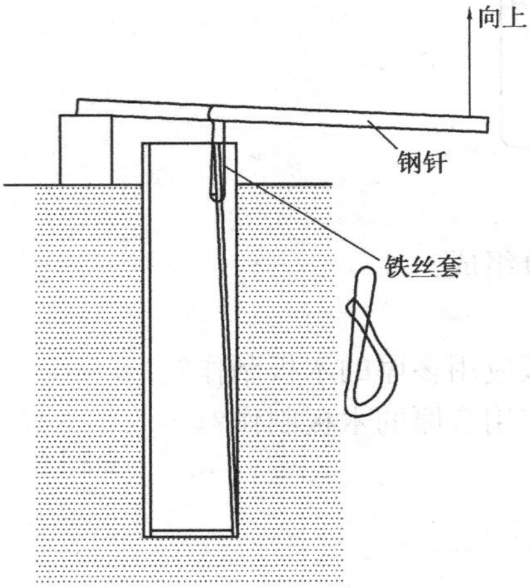

图5.8　用杠杆抽板

混凝土浇灌后28日内的强度变化见表5.5。

表5.5　混凝土浇灌后28日内的强度变化

混凝土种类	时间/日	温度/℃ 1	5	10	15	20	25	30
		混凝土达到的强度/%*						
硅酸盐水泥混凝土	2	—	—	—	25	30	35	40
	3	10	15	25	33	40	45	50
	5	20	30	40	50	55	60	65
	7	30	40	50	60	67	75	85
	10	35	50	60	70	80	85	90
	15	50	60	70	80	90	95	100
	28	65	80	90	100	105	110	115
混合水泥混凝土	2	—	—	—	15	18	25	30
	3	6	8	15	20	25	30	40
	5	10	15	20	30	35	40	55
	7	15	25	30	40	45	55	67
	10	25	35	40	50	60	70	80
	15	35	45	55	70	75	85	90
	28	35	70	85	100	105	110	115

* 百分率是指相对于混凝土的设计强度而言。

问题思考

1. 基础的作用是什么?
2. 混凝土基础由哪几部分组成?
3. 什么叫做水灰比?
4. 地脚螺栓预留孔的模板应用多厚的木板制作?
5. 较大空间的腔状木模应用多厚的木板制作?

学习情境 6 矿山排水设备的安装

任务导入

排水设备的安装包括水泵、管路、附件、仪表及控制设备的安装，只有保证了设备的正确安装，才能使它可靠地运行。

学习目标

1. 能读懂水泵装配图。
2. 能正确安装离心式水泵。
3. 能正确安装水管。
4. 能正确地对排水系统进行调试。
5. 能正确地使用工具。
6. 能在施工过程中正确地进行安全控制和质量控制。

任务1 排水设备安装程序

排水设备安装程序，以D型水泵安装于井下中央水泵房为例。表6.1为排水设备的安装程序。

表6.1 排水设备安装程序

序　号	安装项目	安装内容
1	水泵基础硐室工程	由矿建施工队承担，按设计要求完成下列基础工程： 1. 水泵房硐室的砌碹、喷浆 2. 水泵基础工程 3. 水仓及吸水井工程 4. 排水管路、斜井工程

续表

序　号	安装项目	安装内容
2	水泵基础检查验收	1. 埋设标高点和固定中心挂线架。按水泵房巷道腰线测出中心线和标高点 2. 挂上中心线,按中心线标高点检查验收基础标高、基础孔位置
3	垫铁布置	1. 按实测的基础标高,对比设计标高,计算出应垫的垫铁厚度,按质量标准规定放置好垫铁组 2. 用普通水平尺对垫铁进行找平找正,并铲好基础的麻面
4	设备的开箱检查	1. 按装箱单和设备使用说明书清查设备及零件的完好情况和数量 2. 清洗机械及零部件表面的防腐剂
5	零部件加工	按施工设计图纸及实际需用量安排零部件加工 1. 吸水管路　2. 排水管路　3. 水仓篦子 4. 吸水井操作架及平台　5. 各种法兰盘
6	水泵预安装	1. 在井上机修车间,对水泵及电动机进行一次全面细致的检修与预安装工作 2. 在预安装中发现的问题要在井上全部处理
7	水泵运搬	1. 按井下泵房的位置,排好运搬顺序(应以水泵房最里面一台泵为首),装在平板车上依顺序运至井下泵房或备用巷道中 2. 运搬时将其他零部件装箱同时运至泵房中
8	水泵整体吊装	1. 按施工图纸位置和顺序,采用合适的起吊工具,将水泵(包括电机和机座)整体放在基础垫铁平面上 2. 穿好地脚螺栓并戴好螺母
9	水泵整体安装	1. 挂上纵、横中心线,下垂线坠进行找正 2. 按基准点、标高点,用水准仪进行找平 3. 找平找正后即可进行二次灌浆
10	吸水管安装	1. 按施工图纸将各台水泵的吸水管、底阀与水泵的吸水口进行连接 2. 安装吸水井的平台、操作架和阀门
11	排水管路	1. 安装各台水泵的排水短管,闸板阀、逆止阀、三通管、旁通管 2. 安装排水主干管及托架(包括斜巷排水管)
12	水仓零部件安装	1. 安装水仓篦子、水仓闸门 2. 安装闸门关闭操纵架及平台
13	水泵的附属部件、零件安装	1. 安装真空表、压力表 2. 安装水封管、回水管、放气阀、注水漏斗(以上零件防止运搬及吊装时损坏,在机修车间预安装时将泵体上的丝孔用丝堵堵住)
14	水泵试运转工作	1. 检查各阀门动作是否灵活 2. 按规定时间对水泵进行负荷运转
15	设备粉刷工作	1. 对设备进行粉刷、涂油漆工作 2. 对管路涂油漆
16	移交生产使用	1. 将水泵房进行清扫 2. 整理好各种技术资料 3. 办理移交手续

任务2　水泵的预安装

为保证水泵在井下安装的顺利进行，防止因井下条件限制出现难以解决的问题，而造成往返搬运，目前对井下水泵安装工作，都采用在井上车间进行预安装。

一、水泵预安装准备工作

选择适当的工作地点，准备好起吊工具及设备，备齐拆卸、装配、检查的各种工具、量具及消耗材料（棉纱、油脂、青壳纸、橡胶石棉板、铅油等），拆卸、装配时最好在大平板上或自带的机座上进行。

二、水泵的拆卸工作

1. 拆卸程序

（1）用管钳子取下水封管，回水管（平衡水管）和注水漏斗。

（2）用退卸器取下联轴器。

（3）用扳手拧下轴承体与进水段和尾盖的连接螺栓，沿轴向分别取下两端的轴承体。

（4）用扳手拧下前段和尾盖的填料压盖螺母，分别沿轴向取下填料压盖，然后用钩子钩出填料室中的盘根和水封环。

（5）用大扳手拧下拉紧螺栓的螺母，抽出连接进水段、中段、出水段的四根拉紧螺栓。

（6）用扳手拧下尾盖与出水段的连接螺栓，然后用扁铲或特制的钢楔插在联接缝内轻轻地将尾盖挤松，沿轴向将尾盖取下。

（7）平衡盘拆卸，用螺钉通过螺孔将平衡盘拉出、取下平键。并在水轮与轴配合面间注煤油浸泡。

（8）用扁铲或特制的钢楔插在出水段与中段连接缝内（要对称放置），挤松后取下出水段，再由出水段取下导叶及平衡环。

（9）用小撬棍撬下叶轮，注意用力要对称并尽量靠近叶片，以防撬坏叶轮。用特制钢楔在中段与中段之间的连接缝内，挤松并取下中段，再由中段上取下密封环（大口环）和导叶，再取下导叶套，并将键取出。

（10）以后的中段、导叶套、叶轮、键的拆卸按上述方法进行，直至拆下第一个进水叶轮为止。

（11）第一个进水叶轮取下后，沿出水方向将泵轴从进水段中抽出，由泵轴上取下轴套。再由进水段上取下大口环。

2. 水泵拆卸时注意事项

（1）在解体泵体、进水段、中段和出水段前，要对进水段和出水段按原装配位置进行编号，便于以后按顺序装配，编号可采用打钢印号码或用铅油写标记等方法进行。

（2）要将拆卸下来的各种零部件及各种螺栓等，用配件箱分类，按顺序将其保管起来，防止丢失。

（3）拆卸时要注意泵轴螺纹旋向。

(4)如厂家生产的水泵,中段不带支座,拆卸时两侧要用木楔楔住,防止中段脱离止口时掉下来碰弯泵轴。

(5)拆卸时为防止轴弯,应设立一个临时支撑架。

三、水泵检查清洗工作

1.水泵零部件的清洗工作:水泵拆卸完毕,应将其零部件用煤油进行清洗。大件可单独进行,用毛刷沾上煤油涂在表面上清洗脏物及防腐油,小件可放在煤油盆中用毛刷逐件进行清洗。清洗后用棉纱擦干净,而后涂一层润滑油,防止生锈。

2.水泵零部件检查工作

(1)水泵经由厂家搬运到施工现场后,可能产生一些变形和碰伤。因此对泵轴有无弯曲和裂纹、滑动轴承装配间隙是否合适,叶轮、出水段、各导翼和平衡盘等有无损伤和碰坏,要边清洗边检查。

(2)经检查后发现有不合格的零部件应找厂家更换,如属于搬运中碰坏的零部件应以设备带来的备用件更换或重新加工。

四、水泵的装配与调整

离心式水泵的预装配是一项重要工序,如装配不当,将会影响水泵的性能与寿命。装配人员必须熟悉所装配的水泵结构。装配程序和方法如下:

1.转子部分预装配

转子部分预装配是先将轴套、叶轮、导翼套、下一段叶轮及导翼套依次装配至最后一段叶轮。再装平衡盘和轴套,最后拧紧锁紧螺母。其目的是使转动件和静止件相应固定。然后调整叶轮间距;测量大口环内径与叶轮入水口外径配合间隙,叶轮挡套与导翼套配合间隙;并检查叶轮、导翼套的偏心度及平衡盘的不垂直度。检查调整好后,对预装配零件进行编号,便于以后将他们装配到相应的位置上。

(1)叶轮间距测量与调整

叶轮间距按图纸要求应相等,但在制造时有误差,一般不应超过或小于规定尺寸 1 mm。以每个中段厚度为准,采取取长补短方法达到相等。叶轮间距的测量可用游标卡尺。

其间距 = 中段厚度 = 叶轮轮毂厚度 + 叶轮挡套长度。

间距的调整方法是用加长或缩短叶轮挡套长度(即间距大、切短叶轮挡套长度,间距小时加垫)。

(2)测量与计算密封环内径与叶轮入水口外径,导翼套内径与叶轮挡套外径,串水套内径与平衡盘尾套外径的间隙。

a.测量方法

用千分尺或游标卡尺,测量每个叶轮入水口外径,叶轮挡套外径、平衡盘尾套外径,相应地再测量进水段密封环内径,每个中段密封环内径,导翼套内径、出水段上串水套内径。每个零件的测量要对称地测两次,取其平均值,然后计算出实际间隙,不合格的要进行调整或更换。

b.调整方法

大口环与叶轮间隙小,应车削叶轮入水口外径或车削大口环内径,间隙大则重新配制大口环。

导翼套间隙不合要求,应更换导翼套较合适。

平衡盘尾套间隙小,应车削平衡盘尾套外径;间隙大应重新配制平衡套。

(3)检查偏心度及平衡盘的不垂直度

偏心度太大会使水泵转子在运转中产生震动,使泵轴弯曲和水轮入口外径磨偏,叶轮磨偏。平衡盘不垂直,在运转中会使平衡盘磨偏,检查方法如下:

在调整好叶轮间距及各个间隙后,将装配好的转子固定在车床上或将轴承装在转子轴上,再放入V形铁上,用千分表测量,将千分表触头接触测件,将轴旋转一圈,千分表最大读数与最小读数差之半,即为偏心度。

a. 逐个检查轴套、叶轮、平衡盘,一般情况下轴套、叶轮的偏心度不超过0.1 mm,平衡盘的偏心度不超过0.05 mm。

b. 逐个检查水轮入水口外径,其偏心度一般不超过0.08 ~0.14 mm。

c. 平衡盘垂直度检查:将千分表触头置于平衡盘端面上,将轴转一圈,千分表指针的最大值与最小值之差,即为不垂直度。平衡盘与轴的不垂直度在100 mm长度内不大于0.05 mm。偏心度和垂直度不合格时要更换和修整。

2. 泵体预装配

(1)当转子及泵体的各部件检查、调整完毕后,按顺序拆卸转子部分的各部件,并进行清洗。按装配程序(与拆卸相反)进行泵体预装配。

(2)先将轴承体及进水段装在机座上用螺栓紧固。将泵轴插入进水段轴孔中,并装上叶轮。依次装配各中段导翼、大口环、水轮、导翼套等。最后装上排水段、平衡盘、平衡环、轴承体,并拧紧拉紧螺栓和泵体及机座连接螺栓。

(3)在装平衡盘之前,应先量取轴的总串动量。并应保持平衡盘与平衡环之间的间隙为0.5 ~1 mm(其间隙是平衡盘正常运转时的工作位置)。量取方法如下:

a. 先将轴左移到头,在轴上做一记号,然后将轴右移到头,在轴上再做一次记号。左右移动时所做的记号间距即为轴的轴向总窜动量。随之在两记号中间划一标记,作为轴的正常工作位置。

b. 在量取轴的总窜动量之后,以平衡环为基准,平衡盘轴向右移量为:

$$\frac{\text{轴总窜动量}}{2}+(0.5\sim1\ \text{mm})$$

在调整中如发现平衡盘与平衡环之间距超过规定值时,用改变平衡盘长度方法进行调整。

(4)当水泵体预装配完毕后,将其整体固定在泵座上。然后用冷装方法将水泵端半联轴器装配好。

五、水泵与电动机预装配

1. 电动机半联轴器的装配

在电动机轴端将半联轴器进行冷装或热装。

2. 电动机的吊放

(1)在水泵预装配的工作地点,选择适当的起重工具和设备,将电动机吊放在水泵的机座一侧,对准机座孔,拧上连接螺栓(不要拧紧)。

(2)电动机与水泵找平找正:用精制的小钢板尺紧靠两联轴器的径向面,以水泵轴的半联轴器为基准检查电动机轴半联轴器的四周(检查上、下、左、右4个点处的同心度),如电动机低于水泵时,在电动机与机座的接口处,在连接螺栓附近加上薄铁片调整到合适为止。随之,用塞尺检查两联轴器的倾斜度和端面间隙,经检查如不符合标准时,用移动电动机或在电动机与机座接口处加、减薄铁垫的方法进行调整,直到达到质量标准为止,然后拧紧连接螺栓。

任务3 离心式水泵及电动机的整体安装

一、垫铁高度的确定

1. 高度尺寸的确定方法

高度的确定主要以水泵房的巷道腰线标高点为基准(如图6.1所示),巷道腰线标高点距水泵房地面尺寸为1 500 mm,水泵基础平面与泵房地面距离为100 mm,水泵吸水口中心与腰线标高点距离为530 mm,水泵中心点与水泵机座距离为790 mm。按上述综合尺寸由巷道腰线至地面尺寸计算如下:

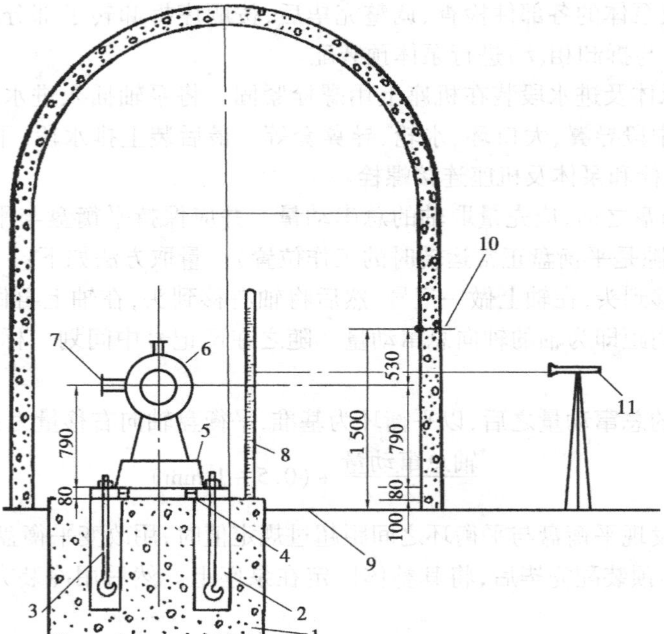

图6.1 水泵房基础标高点测量示意图

1—基础;2—基础孔;3—基础螺栓;4—垫铁高度;5—泵座;6—水泵;
7—水泵吸口中心;8—测量塔尺;9—水泵房地面;10—腰线标高点;11—水准仪

垫铁高度:$1\ 500-(530+790+100)=80$ mm

2. 高度尺寸的测量方法

在水泵基础平面上,放测量用的塔尺,而后用水准仪测其读数,将测量出的读数与巷道腰线标高点的标高尺寸相比较,即得出应垫垫铁的高度尺寸(测量方法如图6.1所示)。

3. 泵房中安装两台以上水泵时，其标高应一致，规定多台水泵的水平误差不应超过 5 mm。主要是防止排水管无法连接。

4. 垫铁的布置

根据水泵基础的设计图，按质量标准规定进行布置及找平找正。

二、水泵的整体吊装

1. 吊装前将水泵机座的地脚螺栓放在基础预留孔中。在安装起重梁上设置 ϕ24 mm 的钢绳套，再挂 5 t 链式起重机将水泵及电动机和机座整体吊放在水泵基础的垫铁平面上，随后把地脚螺栓穿好，其螺母上端应露出 1 ~5 个螺距（水泵及机座的整体重量按 5 t 计算）。

2. 水泵整体吊装就位后，拆除起重工具，将机座下面的垫铁按应放置的位置垫平、垫实，垫铁露出机座尺寸为 20 ~30 mm。

三、水泵及电动机整体找平找正

1. 整体找平

将水泵房应安装的水泵台数，分别吊放到各台基础垫铁平面上，具体找平工艺过程是：用水准仪测量水泵的纵向水平度，测视点在泵座的加工平面上放上 1 m 长带刻度的钢板尺，由测量人员用水准仪测量，将测出的读数与水泵房巷道腰线标高点进行对比（见图 6.2 所示）如标高不合标准要求，可用泵座下面所垫的斜垫铁进行调整。对泵轴的横向水平度的测量，在水泵出水口法兰盘的加工平面上用精密方水平尺进行找平。对泵轴的纵横水平度的找平工作要同时进行，因纵、横向的水平误差调整均由泵座下面垫铁进行，调整方法是用加高或下降斜垫铁达到合适为止。

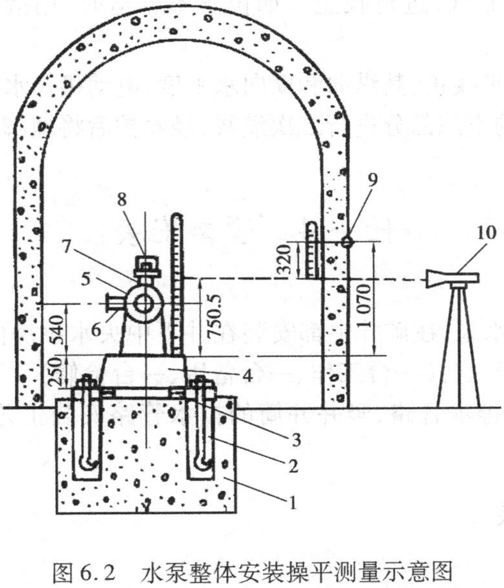

图 6.2　水泵整体安装操平测量示意图

1—基础；2—地脚螺栓；3—垫铁；4—泵座；5—水泵；6—吸水口；
7—出水口；8—方水平尺；9—腰线标高点；10—水准仪

2. 整体找平时测量方法如下(图 6.2 所示):

(1)腰线标高点到泵座上平面尺寸为 1 070 mm。

(2)泵座上平面测量的读数为 750.5 mm。

(3) 腰线标高点测量的读数为 320 mm。

计算方法为:

$$1\ 070-(750.5+320)=1\ 070-1\ 070.5=-0.5\ \text{mm}$$

按测出的 −0.5 mm 的读数计算对比,泵座整体应加高 0.5 mm。

3. 整体找正

先将水泵及电动机轴两端处划出轴心点(如图 6.3 所示的 *A* 点和 *B* 点)。

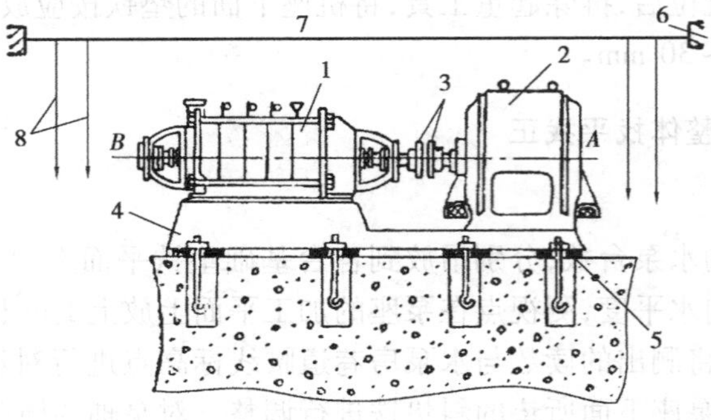

图 6.3　水泵及电动机整体安装找正示意图

1—水泵;2—电动机;3—联轴器;4—泵座;

5—垫铁;6—线架;7—水泵轴安装基准线;8—线

按水泵轴安装基准中心线,进行找正。如位置不合适时,用撬棍移动泵座,直到合适时为止。

4. 经过对泵体反复找平找正,其纵向和横向水平度,电动机及水泵的同轴度都达到规定允许值时,可对泵座与基础的空隙部分进行二次灌浆,经养护后将地脚螺栓拧紧。

任务 4　管路安装

D 型多级单吸离心式水泵,在矿井中都安装在井下中央水泵房内。安装台数按矿井地下涌水量确定,但一般不少于三台(一台工作、一台备用、一台检修)。下边分别对水泵的吸水管路、吸水井附件、泵房中的排水管路、竖井井筒的排水管路安装工艺及其具体施工方法讲述如下。

一、泵房排水管路安装

1. 排水管路托架安装

矿建队在施工泵房时已按图 6.4 所示的排水管路托架位置预留出硐穴。托架安装前由测量人员按图所示的托架标高尺寸和位置,用水准仪测出标高线,用钢卷尺量出每个托架的高度(将每个安装托架梁的位置给出水平及垂直的十字线以便安装托架时找平找正用)。为了找

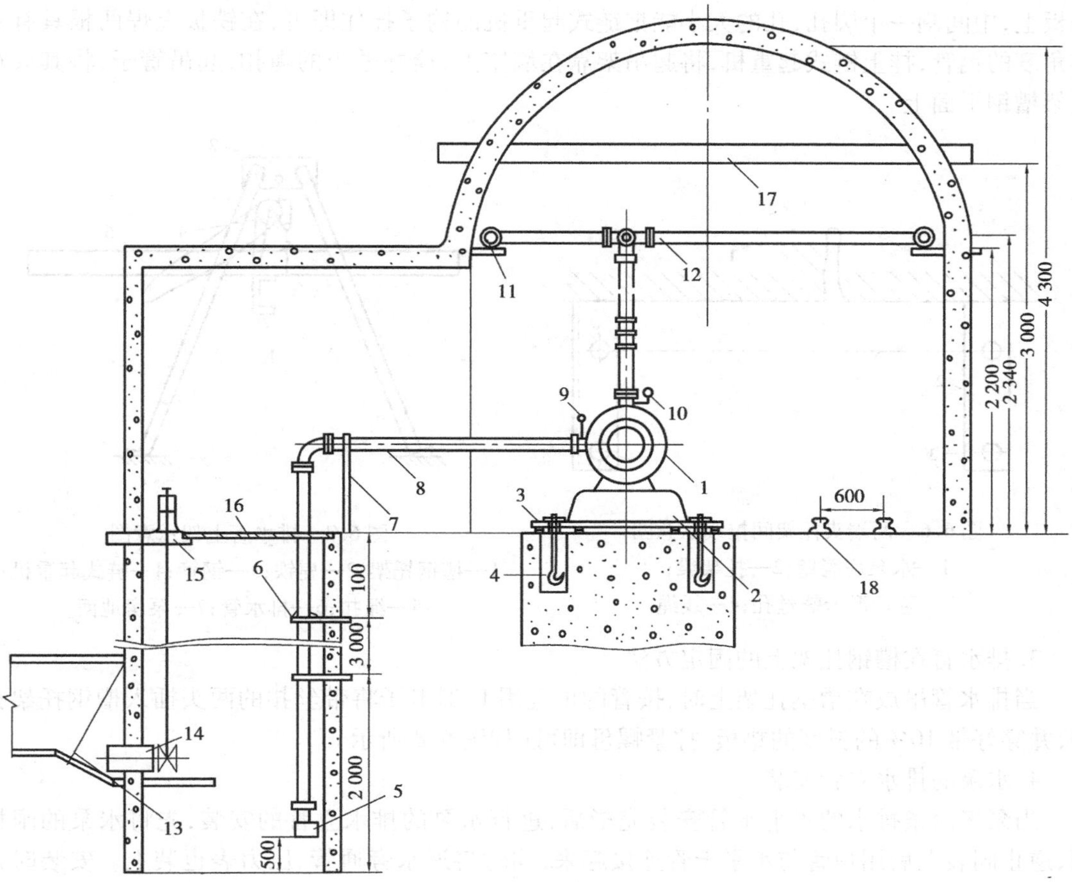

图6.4　矿井中央水泵房设备安装布置示意图(横向)

1—D型水泵;2—泵座;3—垫铁;4—地脚螺栓;5—吸水底阀;6—吸水管托架;7—吸水管支承架;8—吸水管路;9—真空表;10—压力表;11—排水管托架 12—排水管路;13—水仓篦子;14—水仓闸阀;15—水仓闸阀操纵架;16—平台;17—安装用起重梁;18—水泵房运输轨道

平找正,首先在墙壁上将每趟管路的两端托架梁先安装好(如图6.5所示)。其方法是将托架梁放入两端硐穴中,按已给好的水平高度和距离的十字线进行找平找正,用耐火砖(异型斜耐火砖)将已找正的支架梁固定并进行二次灌浆。待养护后在安装好的两端托架梁平面的槽钢孔上拉上平行位置线(如图6.6所示),其他中间的各组托架槽钢梁,均按此拉线的位置和标高依次进行安装。注意在两端支架槽钢孔拉线绳时,一定要尽量拉直拉紧,不能出现弧度和线绳下坠的现象。

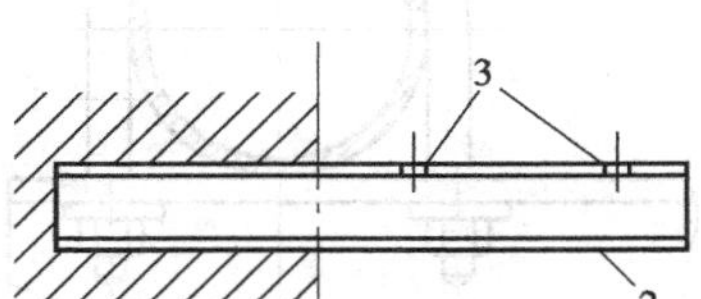

图6.5　槽钢托架在墙壁内安装示意图
1—水泵房墙壁;2—槽钢;
3—穿U形卡螺丝孔

2.排水管路上架

当泵房两条管路的托架梁安装完毕并灌浆养护后,即进行管路的上架起吊工作。因管子自身重量较大,又受泵房高度的限制,可以采用如图6.7所示特制专用起吊架,在一块长方形铁板上，中间割一个圆孔，孔的大小能把链式起重机的钩子挂住即可，在铁板上焊两根具有一定角度的钢管，挂上链式起重机，将起吊架靠在墙壁上，拴好适当的绳扣，起吊管子，将其放在托架槽钢平面上。

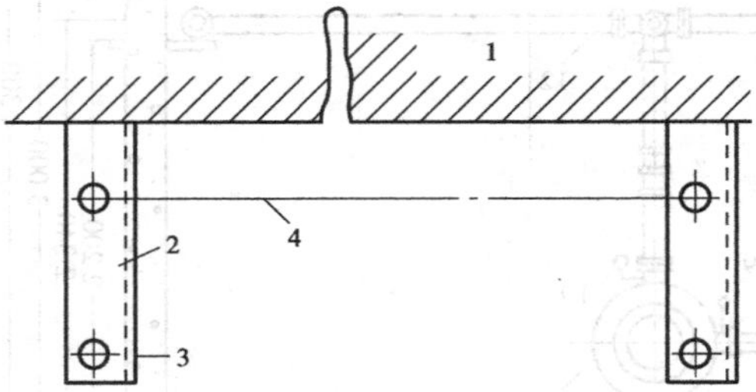

图 6.6　两端头托架间拉线示意图
1—水泵房墙壁；2—托架梁；
3—穿 U 形卡螺丝孔；4—线绳

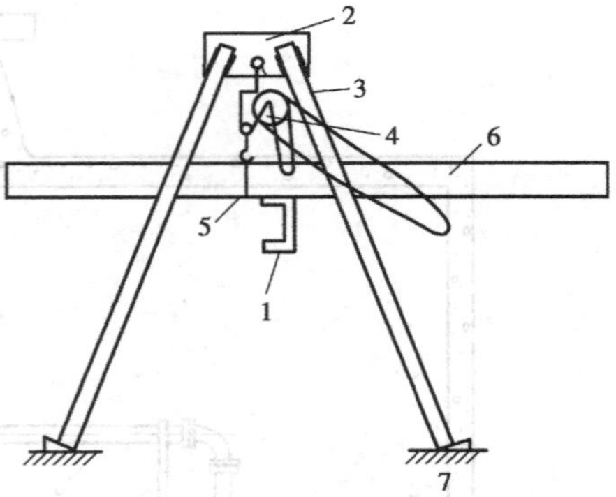

图 6.7　排水管上架示意图
1—槽钢托架；2—扁铁；3—钢管；4—链式起重机；
5—绳扣；6—排水管；7—泵房地面

3. 排水管在槽钢托架上的固定方法

当排水管吊放在槽钢托架上时，按管的位置用 U 形卡子将带丝扣的两头插入槽钢托架孔中，并穿好带 10% 的斜度的垫板，拧紧螺母即可（如图 6.8 所示）。

4. 水泵的排水立管安装

当泵房两条排水的水平干管安装完毕后，进行水泵的排水立管的安装，先将水泵的闸板阀、逆止阀装上后用短管与水平干管连接起来，同时将返水旁通管、压力表也装上。安装时在所有法兰盘联接处，均应放入橡胶石棉板制的垫片。在短管与水平干管的三通管连接时要采用活动法兰盘，以便联接，活动法兰盘的样式如图 6.9 所示。

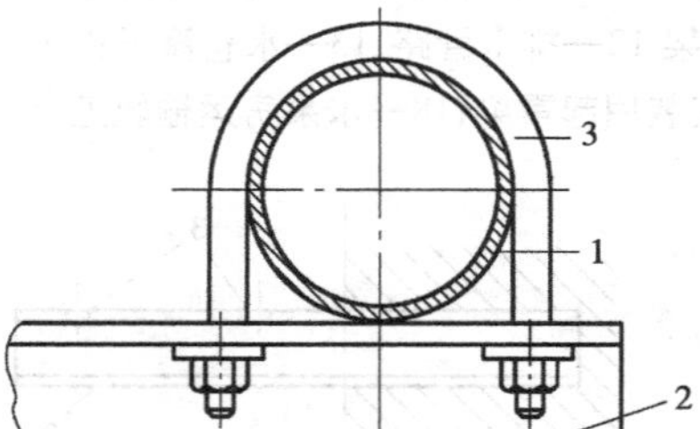

图 6.8　排水管固定方法
1—排水管；2—槽钢支架；
3—U 形卡

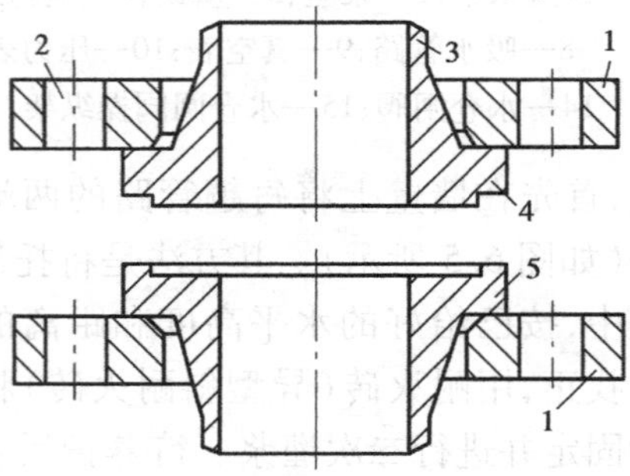

图 6.9　活动法兰盘连接示意图
1—活动法兰盘；2—螺栓连接孔；
3—管接头；4—上接触盘；5—下接触盘

二、竖井井筒排水管路安装

1. 竖井井筒排水管路安装位置

排水管路是敷设在靠近梯子间附近的位置，如图 6.10 所示。井深超过 300 m 时，在井筒中每隔150～200 m设一组固定支管座，并在其上端安装伸缩器。第一个伸缩器应装在距井口50 m处。装设管道导向卡子的间距为6～10 m。泵房与井筒的排水管路是通过30°斜巷进行连接，如图6.10中所示。

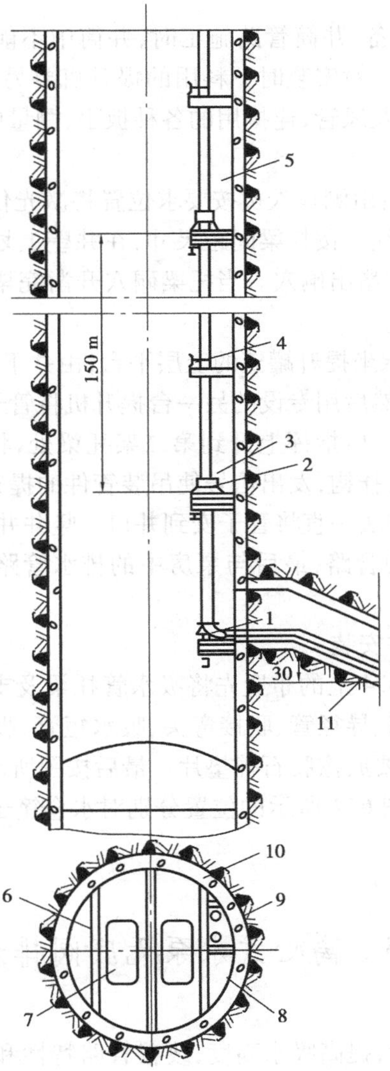

图6.10　竖井井筒管路安装示意图
1—支座弯头；2—支管座；3—伸缩器；4—U形卡子；
5—竖井井筒；6—罐道梁；7—罐笼；8—梯子间；
9—管子间；10—井壁；11—管子斜巷

2. 竖井井筒管路的安装方法

竖井井筒管路安装是一项艰巨又很复杂的多工序、多工种联合作战的施工作业，因此要设专人指挥，施工技术措施要稳妥可靠，施工条件要准备充分，对参加施工的技术工人要进行技术交底，使每个参加施工的人员都能了解施工措施，施工方法，方能进行施工。

具体施工方法如下：

（1）施工材料准备：将安装用的排水管、连接螺栓、橡胶石棉垫片、支座弯头、导向卡子及托梁、支管座、伸缩器等按所需数量进行加工，并运至井口附近妥善保管。所有排水管及管件都要进行水压试验，并做好记录。

（2）施工设备及工具的准备：井筒管路施工时，井筒中不能进行其他作业，因此施工用的提升机、罐笼都应用原有设备。对安装时下料用的提升机要另设一台，施工用的通信电话，井上下联系信号，凿岩用的风镐及风管，连接用的各种扳手，测量中心用的激光仪，都要按需用数准备齐全。

（3）管座梁及托架梁安装：由测量人员按要求位置将激光仪安设在井架上，将光束一直投到井底，作为安装托梁的基准线。按托梁间距尺寸，在井壁上划出硐穴开凿尺寸，由凿岩工在提升罐笼的临时平台上用风镐凿出硐穴。当托梁硐穴开凿完毕后，按照安装位置和尺寸将各架托梁找平找正，并立即灌浆。

（4）管路安装：安装工人乘坐提升罐笼的上层平台，由井下依顺序开始安装。先将管子的支座弯头安装在管座托梁上，然后用专设的另一台提升机将管子下放到井下第一架托梁处，扶正后拧紧与托梁的连接螺栓，然后指挥上升到第二架托梁处，将管子U形卡子卡好并拧紧螺栓。此时可拆下管件的提升机挂钩，发出信号使吊装管件的提升机开动将大钩提升到井口，再吊放第二根管子。以此安装方法一直将管子安到井口。竖井井筒管路安装完毕后，按图5.12中1的位置开始安装斜巷中的管路，最后与泵房中的排水管路连接成一体，形成完整的排水管路。

3. 吸水管路及吸水井附件安装

（1）吸水管路安装：按图6.4上的布置先将吸水管托梁及支架安装好，并进行灌浆。由水泵的吸水口开始安装吸水管路、导径管、联接弯头、吸水短管、吸水底阀等，并拧紧各法兰盘连接螺栓，每对法兰盘接口处都要放橡胶石棉垫片。最后按图所示的位置安装真空表。

（2）吸水井附件安装：按图6.4所示的位置分别对水仓篦子，水仓阀门、阀门操纵架、操纵平台等进行安装。

任务5　离心式水泵无底阀排水装置

为减少吸水管路阻力损失，提高吸水高度，改善管路特性和消除底阀不开、底阀经常漏泄等故障，当前许多矿井的主排水设备已取消底阀，加装喷射器对水泵引水，并实现了多台喷射器并联互为备用引水系统，同时考虑了多种动力，如无高压水时，可用胶皮管引自井底车场压风管路中的压缩空气为动力，这样就可以全部取消底阀，只设过滤网，实现无底阀排水。图6.11为离心式水泵无底阀排水示意图。

一、喷射器的结构及工作原理

喷射器将工作流体的能量直接传递给与之混合的流体，如图6.12所示的水泵主排水管9中的高压水，由水源管5经收缩式喷嘴流出时，将压力能变为速度能，使水获得很大的速度，从而在喷嘴的出口处形成真空，同时高速水流在混合室3内与室内原有流体相混合，混合流体通

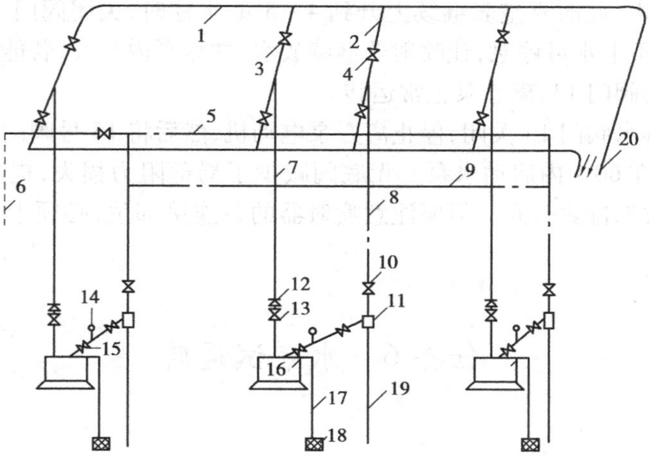

图6.11　多台喷射器并联及备用上水系统示意图

1—主排水千管($\phi325\times13$);2—水泵灌引水高压管;3—高压阀门;4—灌引水高压阀门;
5—互用灌水管路($\phi33\times4$);6—备用压风管;7—主排水立管($\phi273\times12$);
8—灌引水立管($\phi33\times4$);9—并联灌水管;10,15—灌水阀门;11—喷射器;
12—逆止阀;13—电动闸阀;14—真空表;16—主排水泵;17—吸水管($\phi325\times8$);
18—过滤网;19—跑水管;20—同排水管道连接管

过颈口2流入扩散器1,并经管道排出。在大气压力作用下,吸水井内的水沿着吸水管被压入泵内,从而实现了对水泵灌注引水的过程。喷嘴4的直径(约为6 mm)应保证高压水自喷嘴流出时具有一定的速度,此速度应为足以产生4~5 m水柱的真空度。由水源管5到达喷嘴口时,其断面积应逐渐减小,以便降低扬程的损失。混合室3的尺寸应能保证工作流体与吸入流体充分的混合。颈口2是自混合室转变为扩散器的一个过渡部分。它的尺寸应能使混合体产生需要的速度,此速度要保证流体均匀地充满扩散器,并消除沿扩散器四壁形成返向流和涡流的现象。在扩散器中,混合流体的速度能部分转变为压力能,以保证喷射器能将被抽吸的流体送出。

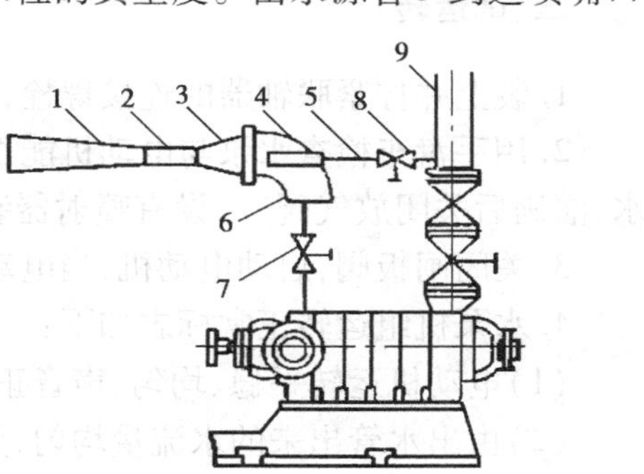

图6.12　离心式水泵无底阀排水示意图

1—扩散器;2—颈口;3—混合室;
4—喷嘴;5—水源管;6—吸管;
7,8—$\frac{1}{2}$吋阀门;9—主排水管

在主排水泵、吸水管、排水管附件安装完毕后,按图5.13所示的位置对灌引水系统的管路和喷射器进行安装,喷射器的高压水管侧为法兰连接,低压水管侧为螺纹连接。所有管路及附件,均应做水压试验(其压力为工作压力的1.5倍),及防腐处理。最后将备用风源的风管与井底车场压风管路进行连接。

二、离心式水泵无底阀启动

按图6.11所示,水泵欲启动时先将阀门10,15打开,高压水流经喷射器的喷嘴喷出,将离心泵内空气带出,造成泵体内真空,真空表14指数由零开始逐步上升到3 m水柱时,扩散器开始出现突突的冲击声，此时真空表继续上升到 4 ~ 5 m 水柱时，关闭阀门 15，启动水泵电机观察电压、电流表，若不上水可停泵，让喷射器继续放水，抽尽泵内空气，若能上水可将阀门 10 关闭，开启主排水电动阀门 13，离心泵正常运转。

停泵时，将主排水阀门 13 关闭，停止离心泵电动机，然后将 15 号阀门打开。

无底阀启动可在 60 s 内启动水泵。无底阀减少了局部阻力损失，提高了排水量，节省了电能，减少了底阀故障排除时间。但要注意喷射器的各连接部位，必须十分严密，阀门最好选用球形阀。

任务 6　水泵试运转

一、试运前的准备工作

运行前检查项目如下：

1. 清除泵房内一切不需要的东西。
2. 电动机检查：检查电动机的绕组绝缘电阻，并要盘车检查电机转子转动是否灵活。
3. 检查并装好水泵两端的盘根，其盘根压盖受力不可过大，水封环应对准来水口。
4. 滑动轴承要注入 20 号机械油，注油量一定要合符规定。
5. 检查闸板阀是否灵活可靠。
6. 电动机空转试验，检查电动机的旋转方向。

二、试运转

1. 装上并拧紧联轴器的连接螺栓，胶圈间隙不能大于 0.5 ~ 1.2 mm。

2. 用手盘车检查水泵与电动机能否自由转动，检查后通过注水漏斗向水泵及吸水管内灌水，灌满后关闭放气阀。（设有喷射器装置时，可用其灌引水）

3. 关闭闸板阀，启动电动机，当电动机达到额定转数时，再逐渐打开闸板阀。

4. 水泵机组运转正常标志如下：

（1）电动机运转平稳、均匀、声音正常。

（2）由出水管出来的水流量均匀，无间歇现象。

（3）当闸门开到一定程度时，出水管上的压力表所指的压力，不应有较大的波动。

（4）滑动轴承的温度不应超过 60 ℃，滚动轴承的温度不应超过 70 ℃ 。

（5）盘根和外壳不应过热，允许有一点微热。盘根出水应以每分钟渗水 10 ~ 20 滴为准。

5. 试运转初期，应经常检查或更换滑动轴承油箱的油，加油量不能大于油盒高度的 2/3，但要保证能够使油环带上油，同时要注意油环转动是否灵活。

6. 水泵停车前，先把闸板阀慢慢关闭，然后再停止电动机。水泵绝不允许空转。

三、试运转时间及移交

1. 水泵试运转时间为每台泵连续排水运转 2 小时后，停车检查。而后再启动另一台水泵，排水运转时间也为 2 小时。交替运转，每台泵达到 8 小时后，经检查如无异常现象，可移交给使用单位。

2. 试运转时要做好各种记录，如机体声音、轴承温度、压力、电机温度、电流、电压等，按运转时间、检查部位做好详细记载。

四、水泵试运转时常见故障原因及处理方法

如表6.2所示：

表6.2　水泵试运转时常见故障原因及处理方法

序号	故障种类	故障原因	排除方法
1	水泵启动后只出一股水，再不上水	1. 灌水不足 2. 盘根不严密，有漏气现象 3. 底阀不灵活，有阻力，顶不开	1. 重新灌满水 2. 紧盘根或更换 3. 检修
2	水泵不上水	1. 电动机旋转方向不对 2. 吸水管过长 3. 底阀漏水量太大	1. 更换方向 2. 更换适当长度的吸水管 3. 检修底阀
3	水泵出水量小于正常出水量	1. 排水高度超过允许的扬程 2. 吸水侧盘根不严密 3. 叶轮或导翼被堵，闸板阀未全打开，滤水器被脏物堵塞	1. 换泵 2. 紧盘根或更换 3. 清洗、检修泵体内部及闸板阀和滤水器底阀
4	水泵外壳发热	闸板阀未全打开，运转时间过长	闸板阀运转时应全部打开，否则要减少运转时间
5	盘根发热	1. 压盖拧得过紧 2. 水封环缺水	1. 调整压盖松紧 2. 检修水封环

问题思考

1. 试述排水设备的安装程序。

2. 为什么要进行水泵的预安装工作，并叙述水泵的拆卸程序及拆卸时注意事项。

3. 安装平衡盘的技术要求是什么？

4. 试述水泵及电动机装配时其轴的水平度，同心度、两联轴器的端面间隙应各为多少毫米？

5. 水泵整体安装时怎样确定垫铁高度，并叙述垫铁高度的测量方法？

6. 试述水泵整体安装找平找正方法。

7. 试述水泵吸水管、排水管路的安装方法，为什么最后连接排水管路短管时要用活动法兰盘？

8. 试述竖井井筒排水管路施工方法。

9. 水泵试运转前要做那些准备工作？

10. 水泵试运转时，运转正常标志是什么？

学习情境 7

矿山压气设备的安装

任务导入

目前矿山主要采用的是活塞式和螺杆式空压机，由于螺杆式空压机结构紧凑，而且是整体安装，较为简单，故这里介绍活塞式空压机的维修与装配。

学习目标

1. 能读懂往复式压气机的装配图。
2. 能对压气机进行安装。
3. 能对压气机风包进行安装。
4. 能正确地调试压气机。
5. 能正确地进行安全控制和质量控制。

任务1　L型空压机的安装程序

表7.1为空压机安装程序表。

表7.1　空压机设备安装程序表

程序	安装项目	内　容
1	基础	空压机的基础，由土建施工单位承担
2	基础检查与验收工作	1. 埋设基础标高点和固定挂线架 2. 挂上安装基准线，检查基础标高和预留螺栓孔的位置
3	垫铁布置	1. 测算垫铁厚度，按质量标准规定摆放垫铁 2. 用平尺配合水平尺对垫铁进行找正，并铲好垫铁窝及基础上的麻面
4	设备开箱检查	1. 按装箱单和设计说明书清点检查设备及零部件的完好情况和数量 2. 清洗并刷去机械及零部件表面的防腐剂

续表

程序	安装项目	内　容
5	空压机主体就位	1. 选择适用的起吊工具将空压机主体放在垫铁平面上（地脚螺栓先放入预留孔内） 2. 穿好地脚螺栓，并戴上螺帽
6	空压机主体找平找正	1. 找标高 2. 用三块方水平尺，分别放在一、二级汽缸壁上，找平空压机主体 3. 由安装基准线找正空压机主体横向和纵向位置
7	电动机	1. 在空压机的三角皮带轮和电动机的三角皮带轮上拉线进行 2. 找正后，将垫铁组点焊成为一体，进行二次灌浆
8	空压机机体内部零件	1. 安装传动部分零部件：曲轴、连杆、十字头 2. 安装压气部分零部件：活塞、活塞环、汽缸盖吸排气阀盖（吸、排气阀待负荷试运时安装） 3. 安装润滑部分零部件：齿轮油泵、柱塞油泵和油管
9	风包	1. 测算垫铁厚度，并将垫铁摆放在基础平面上 2. 风包吊装就位，并进行找平找正 3. 二次灌浆
10	冷却水泵站	1. 测算垫铁厚度，并将垫铁摆放在基础平面上 2. 安装冷却水泵及管路
11	管路及附属部件	1. 安装吸风管、排风管、冷却水管、油管等 2. 安装油压表、压力表、安全阀、压力调节装置
12	基础抹灰	用压力水清洗基础表面后，进行基础抹灰工作
13	水压试验	对安装完毕的机体、管路、风包进行水压试验（试验压力为工作压力的1.5倍）
14	设备粉刷	对设备和管路涂油漆
15	空压机试运转	1. 对空压机和水泵站进行空负荷、半负荷、负荷试运转 2. 对压力表、安全阀、压力调节装置进行调整
16	移交使用	1. 清扫机房 2. 整理图纸资料 3. 移交生产单位

任务2　L型空压机的安装

一、固定空压机站安装位置的选择

在选择空压机站的安装位置必须考虑以下因素：

1. 应靠近用气地点，节省输气管路的敷设长度和减少压降。

2. 站址应选择在空气洁净，通风良好的场所。

3. 要考虑安装、检修时运输方便的地方。

二、机体就位

1. 在空气压缩机房的基础地面上设置吊装工具，如对4 L型空压机可在人字架或三角架上挂一台3 t起重机（因机身重量为2.7 t），用起重钢丝绳拴住一级汽缸体和中间冷却器的外围将其吊装就位（见图7.1）。

2. 带座弯头安装

因带座弯头在机体的二级汽缸下部，若不事先将其吊放在如图7.2所示的位置处，待机体吊放后就无法进行安装。所以在空压机机体吊装前应先把带座弯头与机体连接好，并同时将带座弯头的下部滑道装好，穿上滑道的地脚螺栓（见图7.2）。

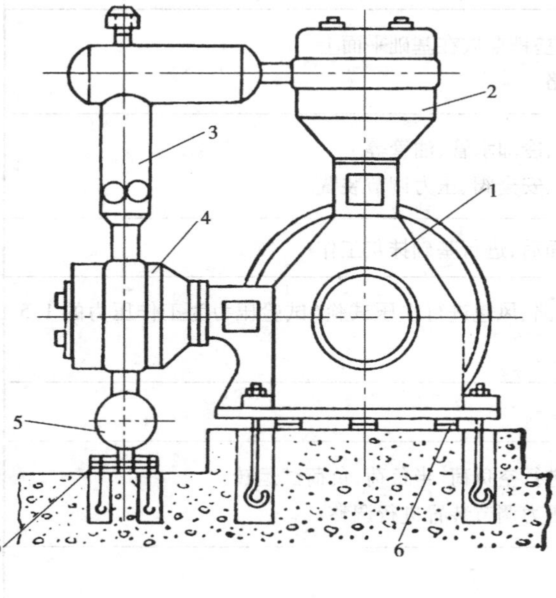

图7.1　整体吊装后示意图

1—空压机机身；2—一级汽缸；3—中间冷却器；4—二级汽缸；5—带座弯头；6—垫铁

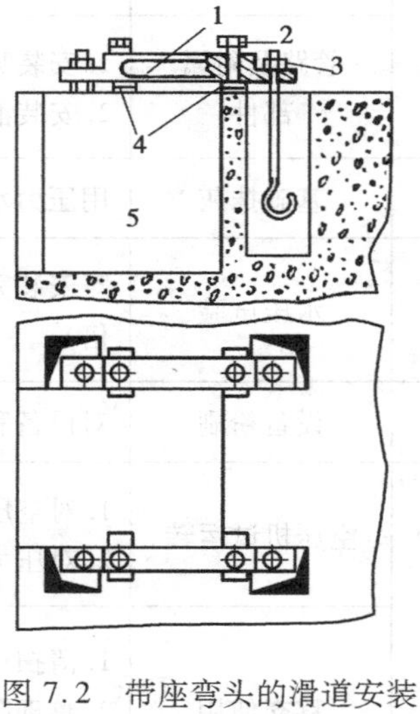

图7.2　带座弯头的滑道安装

1—带座弯头滑道；2—弯头连接螺栓；3—基础螺栓；4—垫铁；5—排气管安装空间

三、空压机机体的找平找正

1. 机身找正

当机身就位后，以机房内的安装基准线找正机体。

2. 机身找平

(1)找平工作在一级汽缸体上和二级汽缸体上进行，首先把一、二级汽缸体的缸盖、活塞及活塞杆，排、吸气阀全部卸下来，露出汽缸壁的加工面（对新出厂的空压机可以不拆活塞及活塞杆）作为测量面，如图7.3所示：水平尺①、③用来测机身的纵向水平度；水平尺②用来测横向水平度。

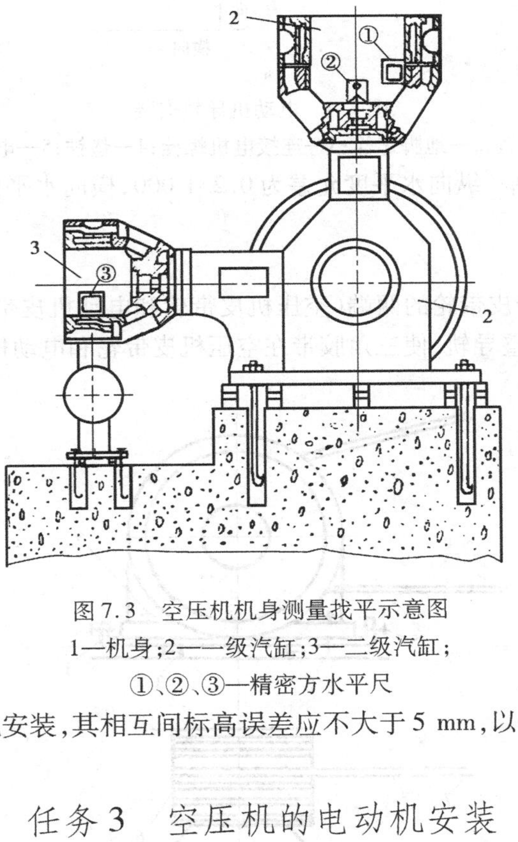

图7.3　空压机机身测量找平示意图
1—机身；2——级汽缸；3—二级汽缸；
①、②、③—精密方水平尺

(2)两台以上空压机安装，其相互间标高误差应不大于5 mm，以保证管路连接的顺利。

任务3　空压机的电动机安装

一、电动机就位

电动机吊装前，将电动机的导轨放在垫铁平面上，并将地脚螺栓穿上（如图7.4所示）。再将电动机吊放在导轨上，用连接螺栓拧好，但注意要将电动机放在导轨的中间位置，留出电动机的调整余量。

二、电动机的找平找正

1. 电动机找平

在图7.4中带“▽”符号所指示的①②③④四个位置的导轨平面上，放上带刻度的钢板

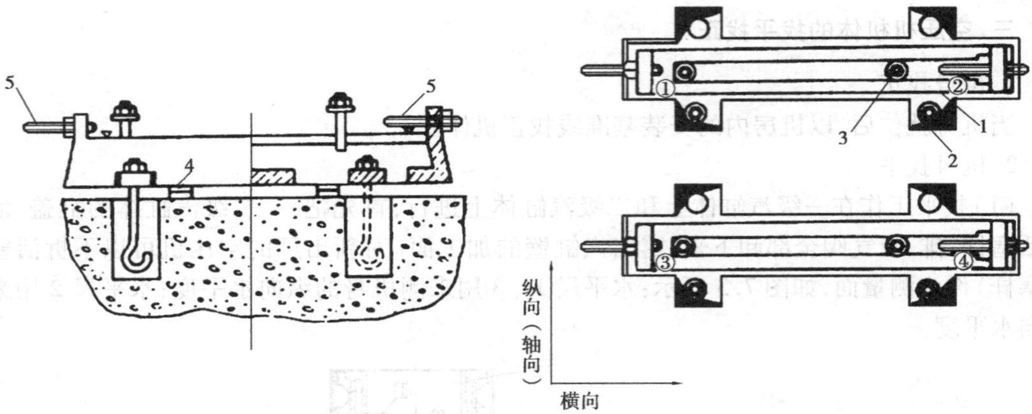

图 7.4　电动机导轨安装

1—电动机导轨;2—地脚螺栓;3—连接电机螺栓;4—垫铁;5—电机调位顶丝

尺,用精密水准仪进行找平(纵向水平度允差为 0.2/1 000,横向水平度允差为 0.5/1 000),找平找正后进行二次灌浆。

2. 电动机找正

如图 7.5 所示在两个皮带轮的两端(空压机皮带轮和电动机皮带轮)挂上一根三角胶带,并通过调整螺栓,挪动调整导轨,使三角胶带在空压机皮带轮和电动机皮带轮之间达到合适的张紧程度。

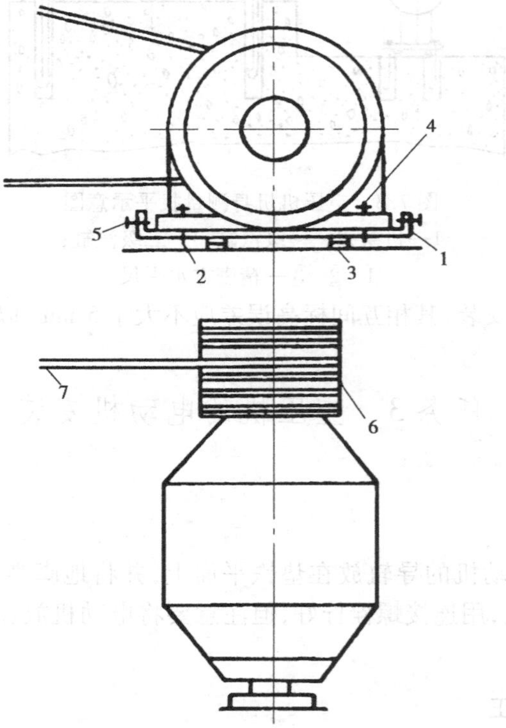

图 7.5　电动机安装示意图

1—导轨;2—地脚螺栓;3—垫铁;4—连接电机螺栓;
5—电机调位顶丝;6—皮带轮;7—三角皮带

任务 4　L 型空压机零部件装配

空压机的曲轴、连杆、十字头、填料箱、活塞及活塞杆，吸、排气阀等零部件，在安装时需仔细检查和装配。

一、空压机主要零部件装配间隙（见表 7.2）

表 7.2　空压机主要零部件装配间隙

序号	间隙名称	规定间隙	极限间隙与处理方法
1	1）汽缸与活塞径向间隙（一级）	0.25 ~ 0.46	间隙为 1.0 时镗缸并更换活塞
	2）汽缸与活塞径向间隙（二级）	0.18 ~ 0.34	间隙为 0.7 时镗缸并更换活塞
2	十字头与（一、二级）导轨的径向间隙	0.17 ~ 0.25	间隙为 0.5 时更换十字头
3	十字头销与连杆小头瓦径向间隙	0.02 ~ 0.07	间隙为 0.5 时换铜衬套（小头瓦）
4	曲轴径与连杆大头瓦径向间隙	0.04 ~ 0.11	当铜垫一侧厚度超过 1.0 时重浇瓦
5	1）活塞行程间隙（一、二级）外死点	2.5 ~ 3.3	
	2）活塞行程间隙（一、二级）内死点	2.1 ~ 2.9	
6	涨圈与活塞槽间隙（一、二级）	0.015 ~ 0.085	间隙为 0.2 时要更换涨圈
7	1）吸、排气阀行程（一级）	2.7 + 0.2	
	2）吸、排气阀行程（二级）	2.2 + 0.2	

二、曲轴部件的装配

1. 结构

曲轴用球墨铸铁制成，如图 7.6 所示。该曲轴有一个曲拐（并列装有两根连杆），曲轴两

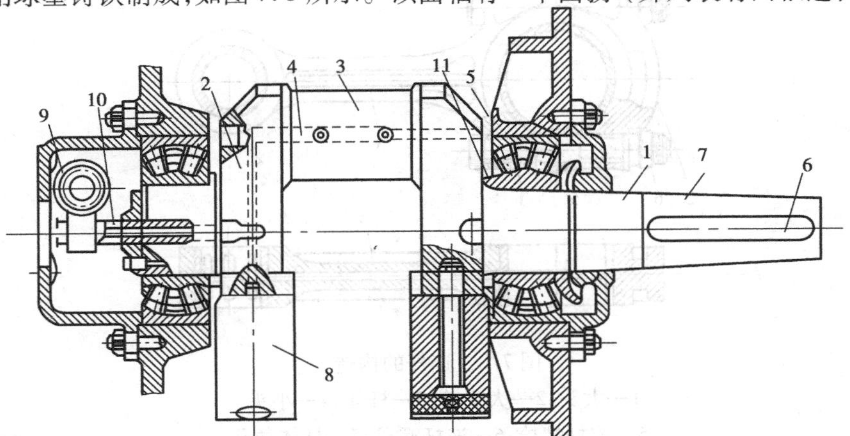

图 7.6　4L—20/8 型活塞式空压机的曲轴部件示意图

1—主轴颈；2—曲臂；3—曲拐颈；4—曲轴通油孔（中心油孔）；5—双列向心球面滚子轴承；6—键槽；7—曲轴的外伸端；8—平衡铁；9—蜗轮；10—油泵传动轴（小轴）；11—定位挡环

端支持在两组双列球面向心滚子轴承(3622)上。曲轴的右端装有三角皮带轮,左端的外侧装有传动轴带动齿轮油泵,并经过传动轴、蜗轮蜗杆带动注油器。

由齿轮油泵排出的润滑油,流经曲轴油孔到达传动机构的各润滑部位,由注油器排出的润滑油输入到汽缸中。曲轴的两个曲臂上各装一组平衡铁,用来抵消旋转惯力和往复惯力。为了保证曲轴在运转中所需要的压力润滑油,要在曲轴内钻孔作为润滑油的通道。

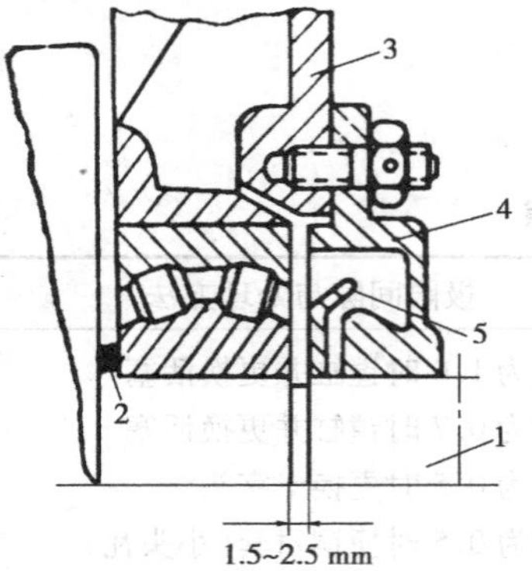

图 7.7 曲轴膨胀间隙

1—曲轴;2—定位环;

3—大盖;4—轴承盖;5—抛油环

2. 装配要求

(1)检查曲拐上的两个油孔是否与曲轴左端的油孔相通(用压风或压力水接到曲轴左端油孔处吹洗)。

(2)检查轴颈与轴承内座圈间隙配合情况。

(3)安装时一定要使轴承内圈压紧定位环,在曲轴的右轴承与轴承盖的断面之间,应留 1.5 ~2.5 mm 的膨胀间隙(曲轴热膨胀间隙,如图 7.7 所示),否则会造成磨损曲轴和不正常响声。

3. 装配过程

在曲轴右端轴承外座圈上装大盖及衬垫。抬起曲轴穿入机身轴孔内,用枕木敲击曲轴右端,使左端轴承装入轴承座内。拧紧右端大盖与机壳的连接螺栓,再装两端的轴承盖。在轴承盖处要衬上青壳纸垫进行密封。要预先装上右端轴承盖内的抛油环。

三、连杆部件的装配

1. 结构

连杆由大头、大头盖、杆体、小头等构成,如图 7.8 所示。其大头瓦与曲拐相连,小头瓦通过十字头销联在十字头上。在杆体中还钻有润滑油孔,以便由大头瓦往小头瓦中注油。

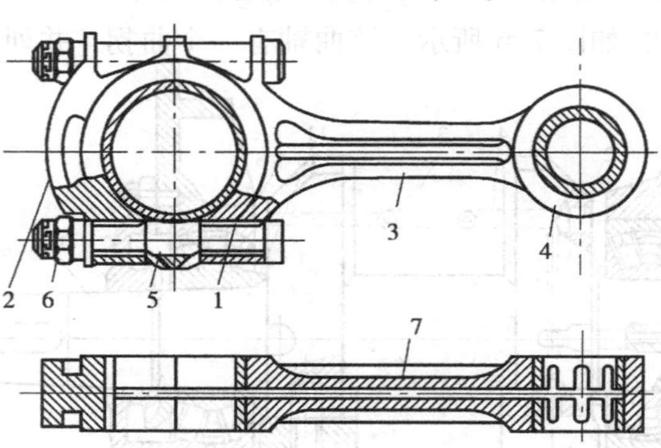

图 7.8 连杆的构造

1—大头;2—大头盖;3—杆体;4—小头;

5—连杆螺栓;6—连杆螺母;7—杆体油孔

2. 装配要求

(1)装配时必须用压风吹洗油孔。

(2)将小头瓦的十字头销穿入锡青铜套内观察是否转动灵活,并且不能有明显摆动现象。

3.连杆大小头瓦的刮研

在曲轴的曲拐上涂上一层显示剂,分别将一、二级的大头瓦从机身检查孔放入曲拐轴颈上同时拧紧螺栓,用手盘车检查大小头瓦与轴的接触情况,如接触点不符合规定,就要对连杆轴瓦进行刮削研磨工作。刮削大头瓦时,先将轴瓦固定在台式虎钳上,如图7.9所示,注意夹持时不要碰伤合金部分。刮研时用手持三角长把刮刀进行刮削,刮研的轴瓦内圆不得出现椭圆度和圆锥度。刮研的质量:轴瓦与轴颈的接触面积要达到2/3,每平方厘米内接触点要达到1~3个点。当刮研合适后用塞尺检查确定轴瓦间隙。

4.曲轴与大头瓦的瓦口垫配制方法

如图7.10所示,用外径千分尺量取曲轴直径为D,在不装垫片的情况下将大头瓦扣合,用内径千分尺量取瓦的内径为D'。计算瓦口垫片所需厚度值为:

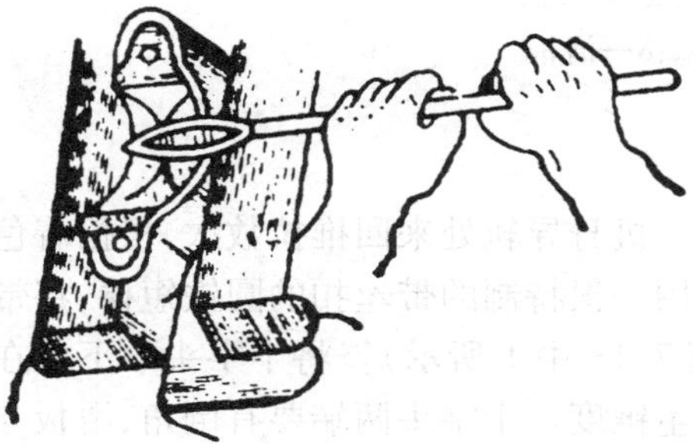

图7.9　连杆轴瓦的刮法

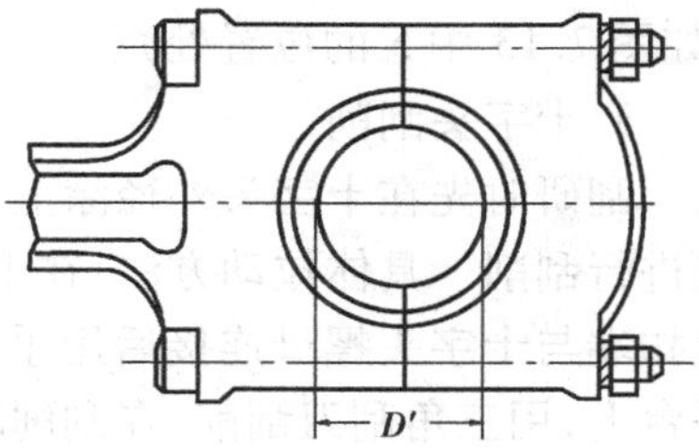

图7.10　大头瓦刮研后未放垫片之前连杆中线方向上内径检查

$$H = (D + C) - D'$$

式中　H——应垫瓦口垫的厚度;

D——曲轴直径;

C——曲轴同大头瓦间隙(其值见表7.2);

D'——未垫垫片前瓦的内圆直径。

5.装配方法

在大小头瓦间隙找好后涂以机械油,与曲轴和十字销轴连接起来,用对角方法拧紧螺栓,穿好保险销。上垫片后的大头瓦内径如图7.11。

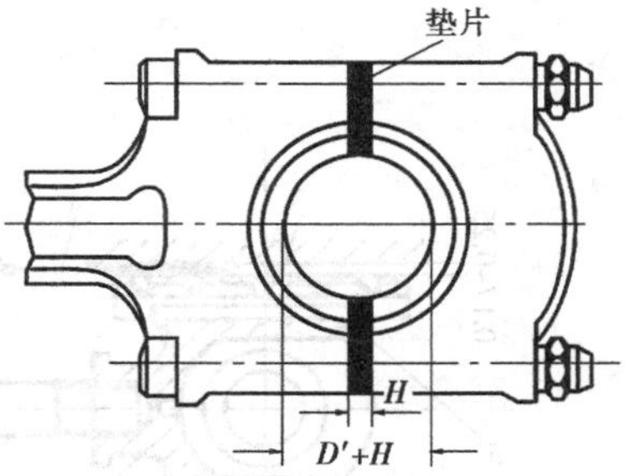

图7.11　上垫片后的大头瓦内径

四、十字头部件的装配

1.十字头与十字头销的构造

十字头是连接活塞杆与连杆的部件。目前国内产品中有两种十字头,一种如图7.12所示,滑板与十字体是用螺栓连接的,可用加减薄铁片调整间隙。另一种十字头是整体的即滑板与十字头为一个整体,如间隙不合适时,应采用更换十字头或重新浇灌滑板表面轴承合金方法。

2.十字头与机身导轨的研配

将研配的十字头送入机身导轨处,按图7.13所示的方法用塞尺测试配合间隙(其间隙规定值为0.17~0.25 mm),如间隙不合适时,在十字头滑板与十字头体中间处用薄铜垫片调整

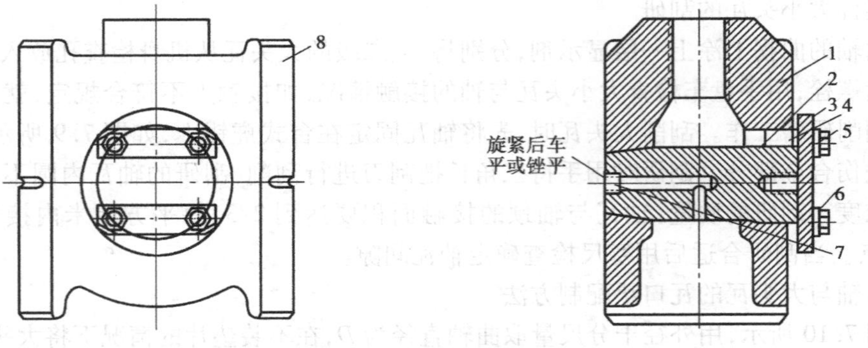

图 7.12　十字头部件示意图

1—十字头体；2—十字头销；3—盖；4—键；
5—螺栓；6—止动垫片；7—螺塞；8—滑板

（如图 7.13 中 5 的位置处）。

3. 十字头刮削

刮研时先在十字头外径涂上显示剂，将十字头体送入机身导轨处来回推拉数次，根据着色点进行刮削。具体拉动方法：在十字头与活塞杆连接处用一根特制的带丝扣的圆铁短棒，将带丝扣端与十字头螺母连接后用手来回拉动十字头（如图 7.13 中 1 所示）。将十字头取下放在平台上，用三角刮刀刮削，在刮削时一定要注意，防止产生锥度。十字头两端要有倒角，滑板与机身导轨接触面要有油沟和油孔。在其油沟和油孔处要用刮刀修整得圆滑，最后可以在十字头滑板外径上刮出花纹（如图 7.14 所示）。刮削及间隙配合工作结束后要彻底清洗并特别要注意油沟、油孔的吹洗工作。吹洗油沟和油孔可采用压风吹洗的方法进行。

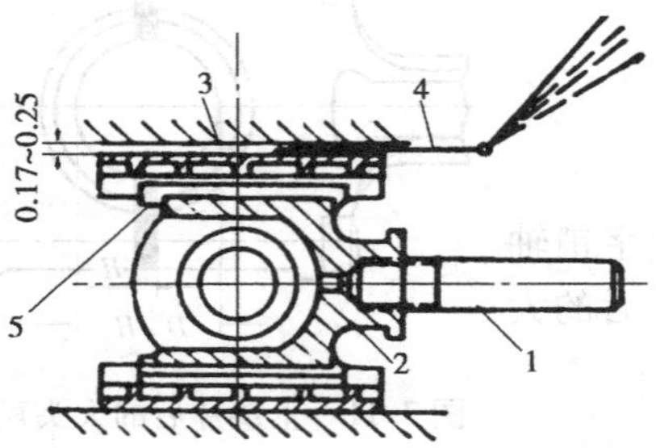

图 7.13　十字头与机身导轨研配

1—短把；2—十字头；3—机身导轨；
4—塞尺；5—十字头体与滑板连接处

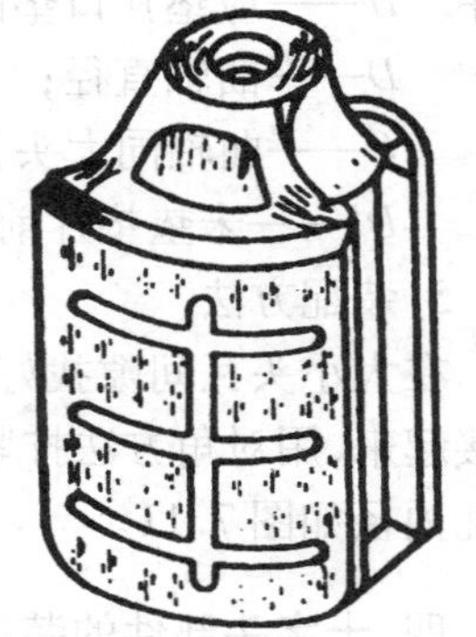

图 7.14　刮研后的十字头

五、填料箱的装配

1. 填料箱的构造

活塞与汽缸之间，因为有相对滑动，所以都留有必要的间隙。空压机工作时，为了防止被压缩的气体从这些间隙中大量泄漏，因此在汽缸体上装有防止泄漏的填料。4L—20/8 型压风机装配有金属的自紧式三瓣密封圈填料，其结构如图7.15所示。

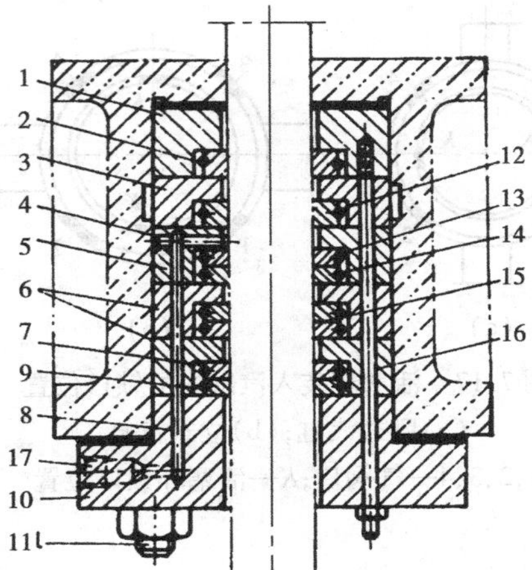

图7.15　自紧式铸铁盘填料函的构造

1—封锁段；2—弹簧；3—防污段；4—堵头；5—加油段；
6—密封段；7—上密封圈；8—加油孔；9—下密封圈；
10—压盖；11—螺栓；12—挡油圈；13—簧；14—环盖板；
15—环定位销；16—螺栓；17—油管接头

2. 填料箱的装配

铸铁制成的三瓣密封圈是由三块带斜口的瓣组成。整圈中有一瓣有一小孔是定位用。外面环沟用弹簧箍紧在活塞杆上。为了防止压缩空气泄漏，各组密封圈的斜口都交错放置。为了防止检修装配时错位。出厂时都打了字头号，靠近接口的地方刻上接口的记号，所以在装配时必须注意不要把密封瓣编号弄乱。同时也不要将各段密封圈装错。因三瓣密封圈每组都用弹簧箍紧后贴在活塞杆上，装拆都非常不便，所以每组密封圈下端加工了两个M6的螺孔，以备装拆之用。

六、活塞与活塞环的装配

1. 活塞组合件的装配

先在活塞杆的顶部拧入一吊环（如图7.16所示），将活塞组合件吊起。通过锥形导向套将活塞及活塞环吊放到汽缸中。锥形导向套是用铸铁制成，其尺寸可根据所装活塞环大小不同而制作，为了装拆方便导向套两边可以制成耳环。当活塞杆吊放通过填料箱时，要注意不要擦伤填料箱内的密封圈。当活塞杆端靠近十字头时，转动活塞杆，使活塞杆螺纹拧入十字头螺孔中。在汽缸盖装好后调整活塞的内外死点间隙，当达到质量标准要求后，把活塞杆上的防松螺母拧紧。

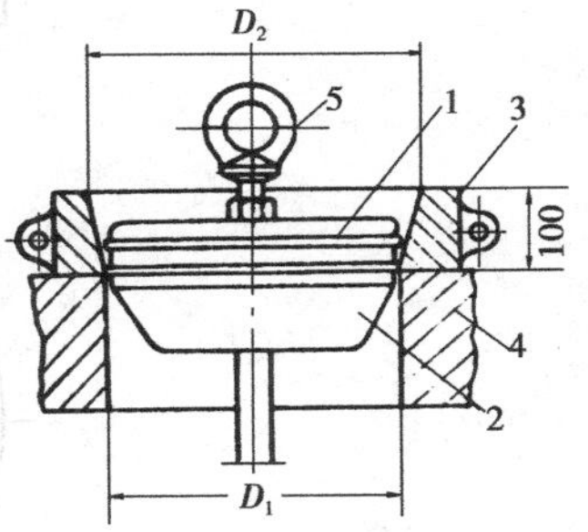

图7.16　活塞组合件装入汽缸的方法

1—活塞环；2—活塞；3—专用锥形工具；
4—汽缸；5—吊环；
D_1—汽缸直径；D_2—锥形套大头直径

装配活塞时，其锁口位置要按图7.17所示相互错开，并要与汽缸上的气阀口、注油孔等位置适当错开。

二级汽缸的活塞环开口应在汽缸的水平两侧。

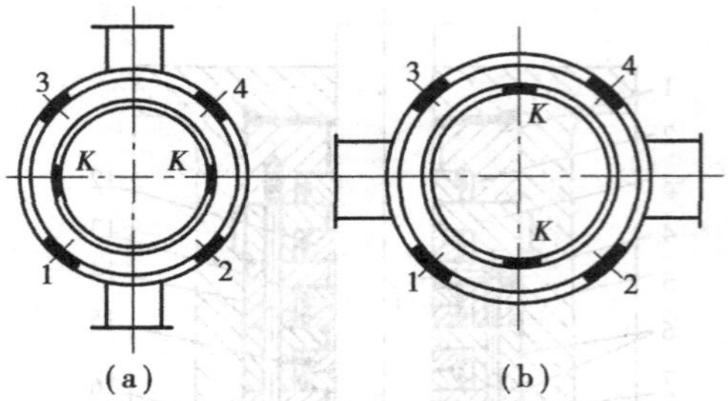

图 7.17 活塞环装入汽缸中的锁口位置

(a)卧式汽缸;(b)立式汽缸

1,2,3,4—气阀口;K—活塞环锁口位置

2. 内外死点间隙调整

用直径 3 ~4 mm 的铅丝,在气阀口处伸入汽缸内用手盘车,压铅丝,把压扁的铅丝取出用千分尺测量其厚度,读数即为内外死点间隙。其调整方法如下:

(1)内死点间隙的调整:将十字头与活塞连接的防松螺母松开,按应调间隙数,拧动活塞杆进行调整,并拧紧防松螺母,再用铅丝压测,按上述方法反复找几次,直到符合要求为止。

(2)外死点间隙的调整:经用铅丝压测间隙读数达不到要求时,可在汽缸端盖上端与汽缸端盖接口处加撤石棉垫进行调整。具体方法是将汽缸盖连接螺栓卸掉,缸盖拆下后,将接口处的石棉垫拿下来测量,按与实际读数的误差更换合适的石棉垫。

(3)内外死点间隙的允许值见表 7.2 所示。

3. 汽缸盖装配

吊装汽缸盖可用如图 7.18 所示的专用工具,将汽缸盖吊起放到汽缸上,紧固好汽缸螺栓上的螺母。紧固螺母时要按一定顺序进行,扳手力矩要达到规范值。

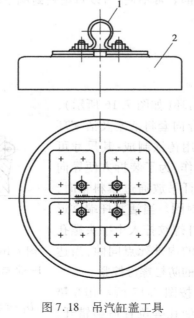

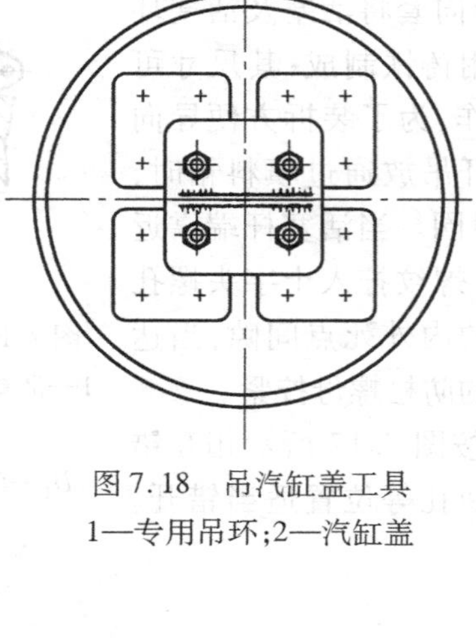

图 7.18 吊汽缸盖工具

1—专用吊环;2—汽缸盖

七、气阀的装配（见图7.19）

1. 气阀组合件的装配

为了便于装拆，采用专用工具进行（见图7.20）。

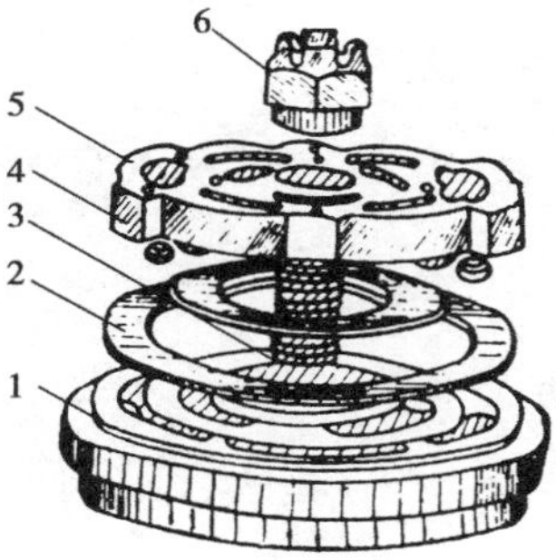

图7.19　气阀装配

1—阀座；2—阀片；3—螺栓；

4—弹簧；5—阀盖；6—螺母

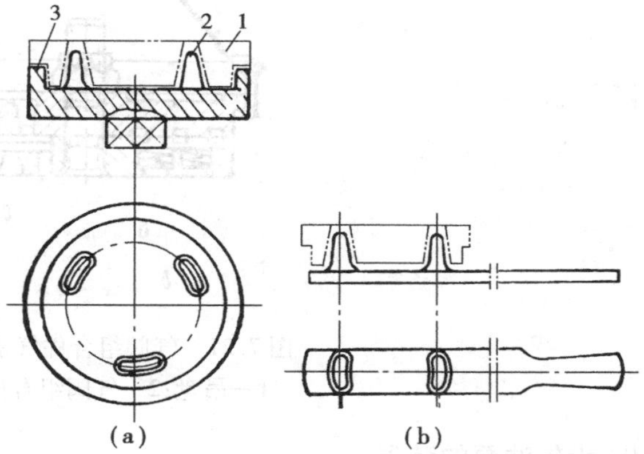

图7.20　气阀装卸专用工具

（a）用于虎钳上夹住；（b）用开口扳手时配合此工具

1—气阀；2—锥形卡叉；3—阀座

（1）排气阀的装配：将自制工具夹于虎钳上，阀座1中心的螺孔插入螺栓3后，放在专用工具的锥形卡叉上。将阀片2放在阀座1上，弹簧4放于阀片2上，并对正装入阀盖5上的弹簧孔，拧紧槽型螺母6（螺母下面应放置一个铅制垫圈），然后穿好开口销（开口销不要用铁丝、钉子等代替）。

（2）吸气阀的装配

将自制的专用工具夹于虎钳上。将阀盖中心的螺孔拧入螺栓3后放在专用工具的锥形卡叉上。将弹簧4放入阀盖的弹簧孔中。将阀片2放于弹簧上，装上阀座后拧紧槽形螺母6，穿上开口销。

2. 气阀组合件的检验

气阀中的弹簧无卡住和歪斜现象。气阀和阀片开启和升高程度应符合规范（一级为2.7 mm，二级为2.2 mm）。气阀应注入煤油进行气密性试验，如图7.21所示。将气阀放在吊盘上吊起来，以便观察。在5 min内允许有不连续的滴油、渗油，但其滴漏数应小于40滴。

3. 气阀的装配

气阀组合件往汽缸或缸盖上装配时，先在阀座上试转1～2周，如无卡阻现象，即可装上，要注意用气阀压盖上压紧螺栓将气阀压紧，否则阀会震动并发出不正常响声，易损坏阀片、弹簧等。气阀组合件在空载试车中不装入，只将气阀压盖装上，以防止空载试车时润滑油飞溅出来。

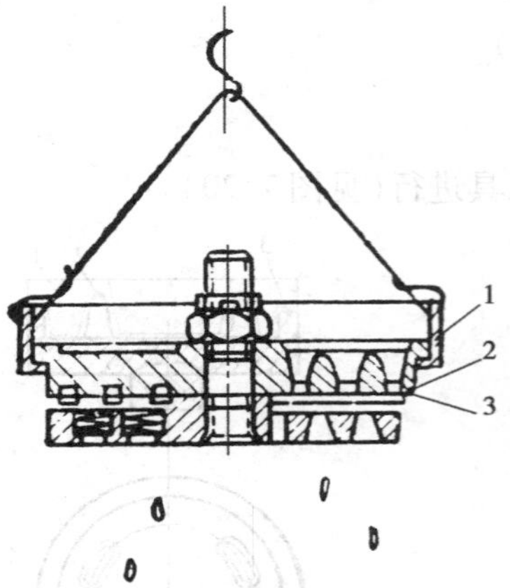

图 7.21　气阀组合件气密性试验方法
1—吊盘;2—气阀组合件;3—煤油

八、齿轮油泵的装配

1. 油泵的装配

将齿轮油泵主动轴法兰与曲轴用螺栓紧固好(如图 7.22 所示)。用加纸垫方法调正齿轮油泵与机身盖之间的间隙。

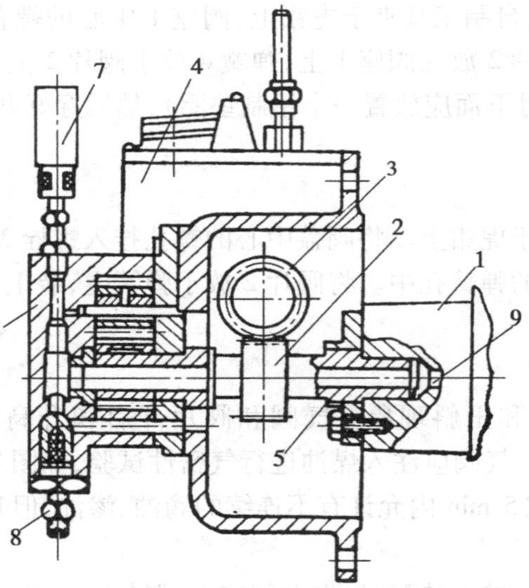

图 7.22　齿轮油泵与曲轴的装配
1—曲轴;2—蜗杆;3—蜗轮;4—注油器;
5—齿轮油泵主动轴;6—齿轮油泵;7—压力表;
8—润滑油压力调节阀;9—曲轴上的进油孔

2. 油泵压力的调节

润滑油压力应在0.15～0.25 MPa，如压力过低或过高，可拧动如图7.22之8的调节螺钉，压力高往下拧，反之往上拧，调节后将螺母锁紧。

九、注油器的装配

1. 结构及工作原理

注油器如图7.23所示，它是由曲轴经过蜗轮减速器带动的。凸轮旋转，使摆杆1上下摆动，柱塞2在弹簧的作用下紧靠摆杆随摆杆上下运动。当柱塞2向下移动时，柱塞上部产生真空，润滑油流经滤油网3沿吸油管推开球形单向阀吸油，当柱塞向上时，润滑油由排油口排出，送至各润滑部位。注油器排油量大小是由旋转顶杆4改变柱塞的行程来调节的。顶杆4还可以作启动前手动供油之用。

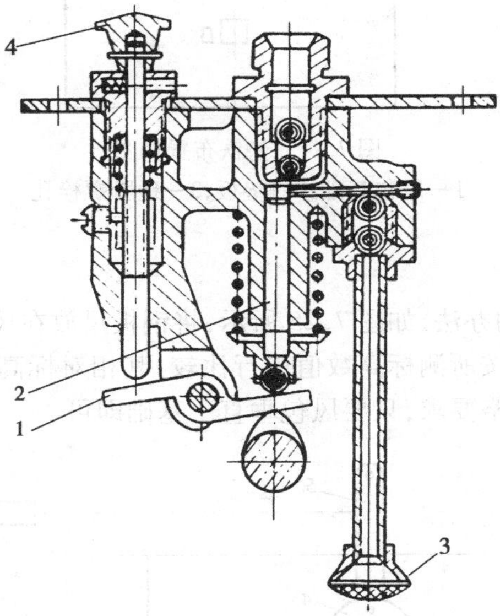

图7.23　注油器结构

1—摆杆；2—柱塞；3—滤油网；4—顶杆

2. 同轴度调整

注油器组装时要注意注油器的传动轴与蜗轮轴保持同轴度。如误差过大可在注油器箱体底部用垫片进行调正。

任务5　空压机风包安装

一、风包的就位

将风包吊放在垫铁平面上，垫铁布置如图7.24所示。

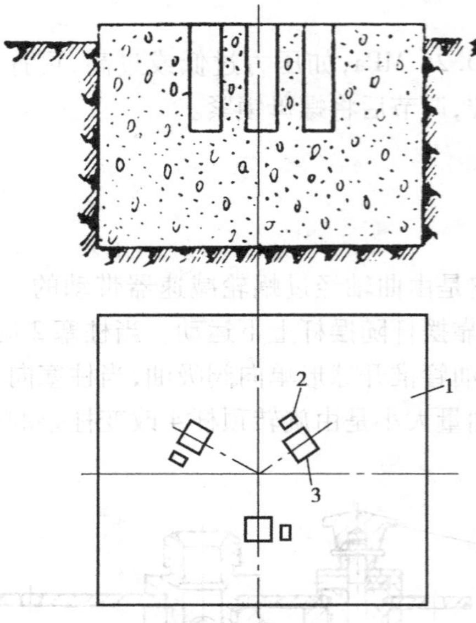

图 7.24　垫铁布置如图
1—风包基础;2—垫板;3—地脚螺栓孔

二、风包找标高

找多台风包相对标高的办法,如图 7.25 所示,将钢板尺放在风包进气口法兰盘上端,用水准仪对各台风包进行测量,按所测标高数值进行比较,其相对标高允许误差为 5 mm。单台风包安装时,对标高一般无严格要求,只要风包垂直于基础即可。

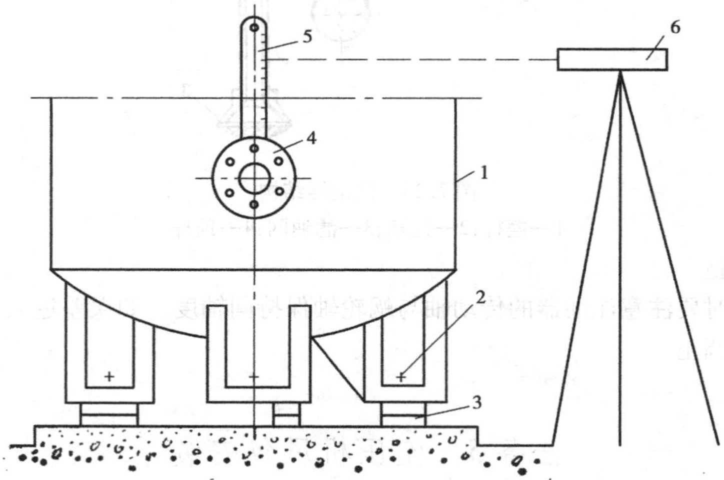

图 7.25　找多台风包相对标高
1—风包;2—地脚螺栓;3—垫铁;4—进气口法兰盘;5—钢板尺;6—水准仪

三、多台风包相互中心的找正

多台风包安装的相互中心应在同一直线上,找正时,拉线绳紧贴风包外圆面进行。根据风包与基准线间隙进行调正,如图 7.26 所示中间风包需要向前移动 Δ 距离。

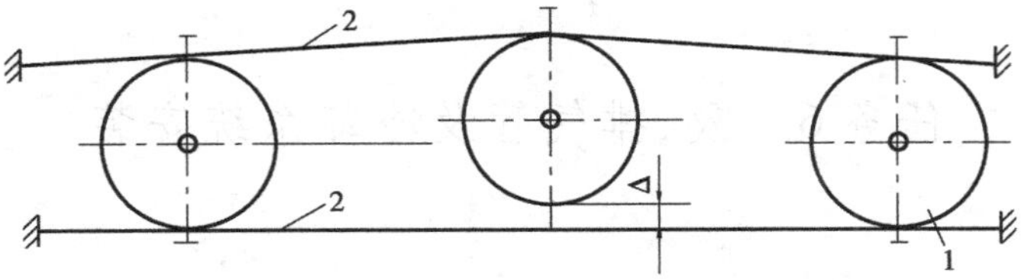

图7.26　用拉线方法找多台风包的位置

1—风包;2—拉线

四、风包垂直度的找正

1. 在风包顶部任意相隔90°的位置挂两个线坠作为找正基准,如图7.27所示右边线坠下部离开风包表面Δ的距离,则说明风包上端向右倾斜。

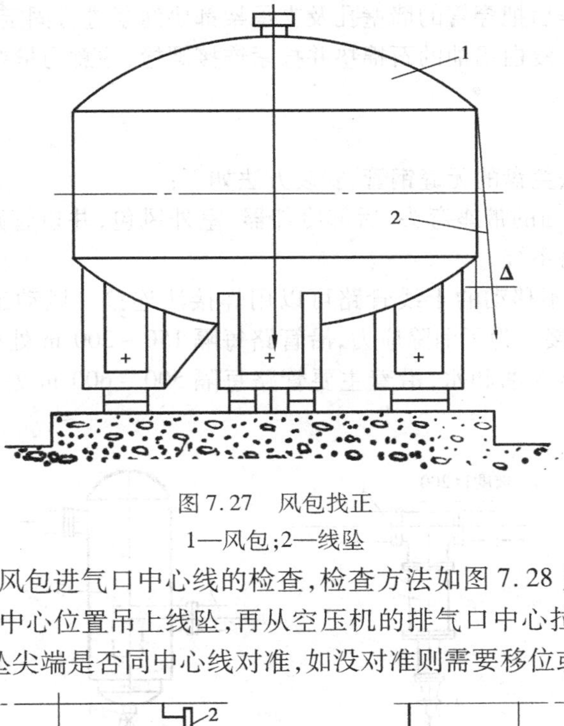

图7.27　风包找正

1—风包;2—线坠

2. 空压机排气口与风包进气口中心线的检查,检查方法如图7.28所示,分别从风包的进气口和排气口的法兰盘中心位置吊上线坠,再从空压机的排气口中心拉上基准中心线。检查风包进气口、排气口线坠尖端是否同中心线对准,如没对准则需要移位或扭转风包进行调正。

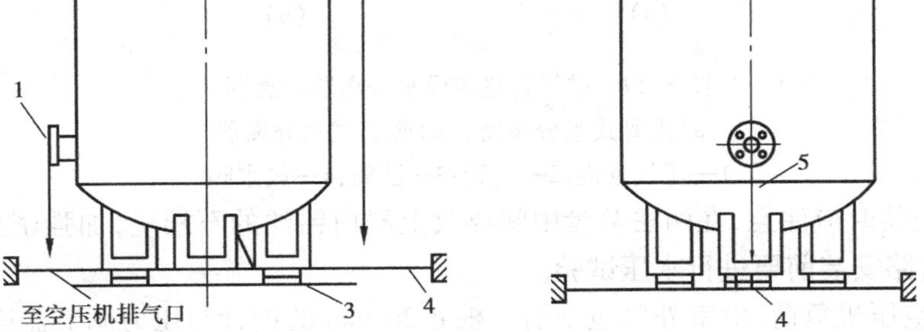

图7.28　排气管、进气口、排气口直线性检查

1—风包进气口;2—风包排气口;3—垫铁;4—拉线;5—风包进气口线坠

任务6　吸、排气管及冷却系统安装

一、吸气管路安装

1. 吸气管一般是采用钢板卷成的，其连接法兰盘是用厚钢板加工制成的，安装在减荷阀至滤风器短管间。一端与减荷阀用螺栓连接，另一端放在墙孔处用垫铁垫平，在这一端要连接弯头，在弯头上面加一段1 m长短管，然后将滤风器安装在短管上面。为了防止滤风器受震动时发生歪斜，应在滤风器下面放一个固定支承架。

2. 吸气管安装前，管内的焊渣必须清除干净，防止空压机运转时将焊渣吸入汽缸中磨损缸壁。当吸气管安装完毕后把穿管的墙壁孔及支承架都要灌浆进行固定。

法兰盘中间要放上浸白铅油的石棉垫并拧紧连接螺栓，注意力量要均匀，防止歪斜漏风。

二、排气管路安装

1. 排气管采用带法兰盘的无缝钢管，安装方法如下：

(1)把二级汽缸下面的带座弯头，后部冷却器，室外风包，井口管路分别用试压合格的无缝钢管连接成排气管路系统。

(2)井筒及巷道内不移动的干线管路可以用焊接法连接。风动工具和压风管路系统之间，应用挠性软管来连接。为了消除应力，沿管路每隔150～200 m处应装置伸缩管。为了便于排出压气冷却时析出的油和水，沿着主要管路每隔500～600 m处要装设水分离器(如图7.29所示)。

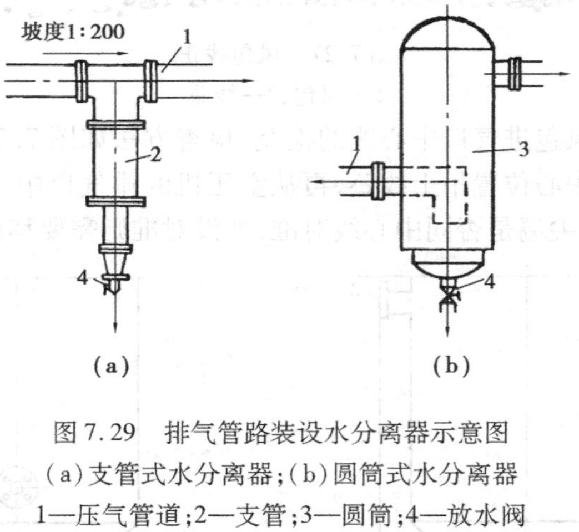

图7.29　排气管路装设水分离器示意图

(a)支管式水分离器；(b)圆筒式水分离器

1—压气管道；2—支管；3—圆筒；4—放水阀

(3)管路安装时应注意，在两法兰盘中间要放上浸白铅油的石棉垫，加强密封。法兰盘连接不得歪斜，管路安装前要进行水压试验。

2. 为调节空压机负荷，由室外风包处引一根ϕ20 mm的钢管与压力调节器连接。

3. 冷却水系统安装

(1)冷却水的作用

为了使汽缸的排气温度不超过160 ℃,排水温度不超过45 ℃,应在空压机站中安设一套冷却水装置。

(2)冷却水系统的组成

该系统配有3台单吸单级离心式水泵(两台运转、1台备用),并设置一条主干管和4条分支管路(如图7.30所示)。主干管从水泵出口铺设到各空压机的前端。4条分支管分别至一级汽缸冷却水套,二级汽缸冷却水套,中间冷却器,后部冷却器。回水经排水漏斗流回到冷却水池中。经散热冷却后,再由水泵送到各级汽缸套和冷却器中控制排水温度。

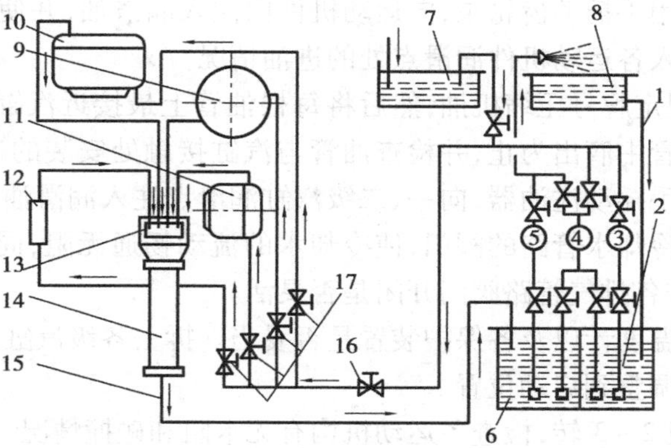

图7.30　空气压缩机站循环冷却系统示意图

1—水管;2—冷水池;3,4,5—水泵;6—温水池;7—高位水池 ;8—喷水池(或冷却水塔);
9—中间冷却器 ;10——级汽缸水套;11—二级汽缸水套;12—润滑油冷却器;13—排水漏斗;
14—停水断路器;15—排水管;16—总进水阀;17—调节阀门

(3)冷却水泵站安装

按空压机站的水泵布置图位置进行安装。水泵安装完毕后,将管路及附件同水泵进行连接。

4.管路安装

冷却水循环管路都是采用焊接钢管,其主干管用法兰盘连接,分支管用螺纹连接。各种水管及附件安装后,都要按规定的安全倍数进行水压试验。

5.水压试验标准

(1)风包、后部冷却器、排气管:额定压力的1.5倍,(0.8 MPa) ×1.5。

(2)油冷却器:油泵工作压力的1.5倍,(0.25 MPa) ×1.5。

(3)中间冷却器:一级汽缸排气压力的1.5倍,(0.25 MPa)×1.5。

(4)汽缸水套:(0.25 MPa) ×1.5。

任务7　L型空压机的试运转

一、4 L型空压机试车前的准备工作

1.将空气压缩机擦洗干净,并清理好现场,将机器附近的物品搬开,并将所有的工具整齐地放在固定地点。

2. 电动机及启动设备、配电开关柜应单独调试好，电动机的旋转方向应符合空压机的要求。

3. 检查汽缸、机身、十字头、连杆、汽缸盖及地脚螺栓等紧固情况，如有不合要求之处应立即加以调整和修理。

4. 再测一次一、二级汽缸死点的间隙，检查测试结果与规定是否相符，如不符则要重新调整。

5. 将空压机油池内（机身油池应擦拭干净）注入规定牌号的润滑油，用油尺或油标检查油面高度，要符合规定。用手摇动齿轮泵，向运动机件内注入润滑油，并使油压达到 0.1 MPa 以上，同时观察润滑油注入各运动机件润滑点处的进油情况。

6. 向注油器加入规定牌号压缩机油，然后将每根油管上最接近汽缸处的接头卸开。用手摇动注油器，直到油从管中滴出为止，并检查油管与汽缸接触处安装的逆止阀是否动作灵敏。然后把油管接好，再用手摇动注油器，向一、二级汽缸润滑点注入润滑油。

7. 开启水泵，打开冷却水管路的阀门，使冷却水的流动畅通无阻，同时检查各连接管件处是否有漏水现象。检查各排气管路阀门开闭是否灵活。

8. 检查各压力表、温度计以及各保护装置是否妥当。拆去各级汽缸上的气阀，将外盖盖上并拧紧螺栓，将减荷阀调整到启动位置。

9. 盘车转动空压机 2 ~3 转，检查各运动机构有无卡阻和碰撞情况。

二、4 L 型空压机无负荷试车

空压机无负荷试车应按下列程序进行：

1. 先将电动机启动开关间断地启动 1 ~2 次，查听空压机的各运动机构有没有不正常的响声或卡阻现象，然后再启动电动机，使空压机空转，这时检查下列各项：

（1）冷却水应畅通无阻（各路冷却水都可以从漏斗中观察出水口的水温及水流量情况）。

（2）润滑油压力应在 0.1 ~0.25 MPa 范围内。注油器向各级汽缸（一、二级汽缸）及填料函的注油情况。

（3）空压机运转声音是否正常（不应有碰击声及不正常响声），各连接处有无松动现象，机体是否震动，地脚螺栓是否松动。

（4）各安装温度计处设专人随时监视其温度情况。

2. 无负荷试车 5 分钟后应停车进行检查，检查项目如下：

（1）打开机身后盖用手触摸，检查曲轴主轴滚动轴承发热情况。检查连杆瓦，填料箱与活塞杆、十字头及滑板等处的温度，不允许有较高的发热。

（2）机身油池内温度几乎没有增加。

（3）检查运动机件的表面摩擦情况。

（4）停车检查结果证明机器各部位都正常时即可连续运转 10 分钟、15 分钟、30 分钟、1 小时等，各次停车检查若无问题时，可连续运转 8 小时，每次检查项目都与第一次相同。

三、4 L 型空压机的吹洗工作

空压机无负荷试运转完毕后，即可进行“吹洗”工作，利用空压机各级汽缸压出的空气吹除该机排气系统的灰尘以及污物，吹洗步骤如下：

1. 先将一、二级汽缸的吸气腔道及一级吸气管道内部用人工方法清扫干净。

2. 装上一级汽缸的吸排气阀，同时松开二级汽缸的吸气管法兰螺母使其与二级汽缸分开。开车利用一级汽缸压出的空气吹洗一级汽缸排气腔道、一级排气管、中间冷却器、二级吸气管，最后排到大气，直到排气管中排出的空气完全干净为止。

3. 装上二级汽缸的吸、排气阀，同时打开风包通向大气管路上的阀门，开车吹洗二级汽缸，二级汽缸的排气腔道，二级排气管，后冷却器及风包等，直到排出的空气完全清洁为止。

4. 各级汽缸的开车吹洗时间不限，直到吹净为止，在吹洗时可装临时管子将吹出的气体排到室外。

四、4 L 型空压机负荷试车

负荷试车用压缩空气进行，在进行负荷试车的同时也进行气密性试验，通过负荷试车，可以了解空气压缩机在正常工作压力下的气密性，生产能力（排气量）以及各项工作性能是否符合规定要求。因此负荷试车是决定空压机能否正式投入生产的关键。

1. 负荷试车前的准备工作

首次负荷试车是在空车运转和吹洗工作完毕之后，把吹洗时的临时管路拆去，装上固定管路、仪表等，然后进行正式试车，应该分次逐渐增加负荷，每次增加负荷之前应保持一定的时间。

2. 负荷试车分 4 个阶段进行

在调节空气压缩机负荷时应逐步关闭风包排气阀门，使空压机压力逐步升高，从而保持相应的压力。调到排气压力为额定压力的 1/4 时，运转约 1 小时；再调到额定压力的 1/2，运转约 2 小时。再调到额定压力的 3/4，运转约 2 小时。最后调到额定压力 0.8 MPa，运行 8 小时。在上述 4 个阶段负荷试运转过程中，要对下列项目进行检查：

（1）机油压力应在额定范围之内（0.1 ~0.3 MPa）。

（2）空压机运转较平稳，没有不正常震动和声响。

（3）冷却水流正常，没有断断续续的流动和产生气泡、堵塞等现象。

（4）所有连接处没有松动现象，各管路没有泄漏及剧烈的震动现象。

（5）电动机温升及电流值应在规定范围之内。

（6）各级排气温度不超过 160 ℃，冷却水的排出温度不超过 40 ℃。

（7）曲轴主轴承温度不超过 70 ℃，连杆轴承，填料箱与活塞杆，十字头滑板与机身导轨的温度不超过 60 ℃，机身油温不超过 60 ℃。

（8）运动机件的各部摩擦面的情况良好，无烧痕、擦伤、磨损痕迹等。

五、4 L 型空压机试运转中调节机构的调整试验工作

1. 4L—20/8 型空压机的排气量调节工作

采用停止进气的调节方法，即隔断进气管路，使空压机处于空运转，排气量等于零。这种方法结构简单、经济性好，广泛运用在中小型空压机上。其工作原理：当风包中的压力高于 0.815 MPa 时，压缩空气由风包中通过管路进入压力调节器中。将调节器中的阀推向上边压缩弹簧，同时打开由阀关闭的管路，而使风包中的压缩空气通过小管到减荷阀的进气孔。把小活塞向上推，使蝶形阀关闭，总进气口被切断，使空压机一级汽缸不能再吸入空气。这时空压

机处于空转,不再向风包排气。当风包中的压力降低到0.77 MPa时,压力调节器中的弹簧在弹力作用下把阀压下,关闭由风包经管而进入的压缩空气。这时减荷阀中就没有高压气体进入,弹簧将小活塞推下,而大气又重新经蝶形阀的缺口处进入一级汽缸中,使空压机又开始正常运转。压力大小的调节是由转动手柄来改变压力调节器的弹簧的压力大小来实现的。在空压机启动前用手顺时针转动减荷阀上的手轮,推动小活塞向上移动,压缩弹簧使蝶形阀上行,关闭进气口,使空压机空载启动。当启动完了,再反时针转动手轮8借助于弹簧的压力使小活塞下降,蝶形阀下移,而这时空气从进气口进入一级汽缸,空压机开始正常工作。

2. 安全阀调整试验工作

一级安全阀设在中间冷却器上端,它的动作压力为0.23 MPa。二级安全阀设在风包上端,它的额定压力为0.8 MPa。一、二级安全阀的动作压力应调到开启压力比额定压力高0.02~0.05 MPa,关闭压力比额定压力低0.02~0.05 MPa。调整完毕后进行铅封,调整方法为拧紧或松开安全阀上端的调节螺栓,往下拧紧压缩调整弹簧为增高压力,往上松开调节螺栓使弹簧压力减少为降低压力。

问题思考

1. 4 L型空压机的安装程序怎样安排?
2. 怎样区分L型空压机的机身纵横向?
3. 叙述4 L型空压机的机体整体找平找正方法。
4. 怎样配制大头瓦与曲轴的瓦口垫?
5. 叙述气阀组合体的气密性试验方法。
6. 叙述空压机风包的安装找平找正方法。
7. 4 L型空压机试运转前应做哪些准备工作?
8. 叙述4 L型空压机的无负荷试运转的工作程序。
9. 空压机安全阀的作用是什么,动作压力怎样调整?

学习情境 8

矿山通风设备的安装

任务导入

现在很多煤矿采用了新型的对旋式通风机，这种风机安装时只需要将轨道调平，再整体安装就行了，因此它安装简单，这里着重介绍旧型号风机的安装方法，最后介绍对旋式通风机的安装。

学习目标

1. 能读懂轴流式通风的装配图。
2. 能对轴流式通风机进行安装。
3. 能对通风机进行调整。
4. 能正确地进行安全控制和质量控制。

任务1　轴流式通风设备的安装程序

轴流式通风机的安装程序见表8.1。

表8.1　轴流式通风机设备安装程序表

序　号	安装项目	安 装 内 容
1	基　础	1. 由土建施工队在安装设备前将电动机、风机主体、扩散器、排风塔、风门绞车、风道等基础按标准进行施工 2. 基础经过养护后即可进行设备安装
2	地基基础检查验收	1. 按测绘人员给出的基础标高点和中心线埋设基准点并固定好中心线线架 2. 挂好安装基准线，结合施工图纸尺寸和标高点进行基础验收，重点检查标高和地脚螺栓孔的位置尺寸

续表

序　号	安装项目	安 装 内 容
3	垫铁布置	1. 按实测的基础标高，对比设计标高，计算出垫铁组高度，按质量标准规定布置垫铁组 2. 用 1 m 长的平板尺，配合水平尺对垫铁组进行找平找正，并将需二次灌浆的基础面铲成麻面
4	设备清点检查	1. 安装箱单清点设备及零部件数量 2. 用煤油清洗各零部件
5	通风机主体吊装	1. 在机体吊装之前，将风道中的扩散器、芯筒及流线体先放入风道安装位置处，防止以后无法吊入 2. 将风机主体（连同机座）吊放在基础垫铁组平面上
6	通风机主体找平找正	1. 穿好地脚螺栓 2. 按设计要求对主轴找平找正 3. 对机座进行二次灌浆
7	传动轴安装	以主轴为基准，通过联轴器找正传动轴同风机主轴的同轴度
8	电动机安装	以传动轴为基准，对电动机找平找正，然后对传动轴轴承座和电动机机座进行二次灌浆
9	附属部件安装	1. 按设计标高，以通风机主体为基准，将扩散器风筒、芯筒进行安装 2. 按施工图纸尺寸，对流线体上罩、集风器、中隔板、前隔板进行安装
10	风门及绞车安装	1. 按设计标高和风道中心的尺寸安装风门及导向滑轮组 2. 按设计标高和风机主体及风道中心尺寸安装提升绞车
11	司机台安装	1. 按设计施工图纸，安装司机台 2. 安装扇形遥测温度计：传感部分安装在轴承体上，显示部分安装在司机台上方（或规定地点）
12	二次灌浆	当风机主体及附属部件安装完毕后，对未进行二次灌浆部位进行二次灌浆
13	设备粉刷涂漆	1. 按规定对通风机主体、传动轴、电动机等进行粉刷、涂漆 2. 对风机附属部件，如绞车、风门、风筒等进行粉刷、涂漆
14	通风机试运转	1. 按规定对风机进行空负荷、负荷试运转 2. 按规定对风机反风装置进行试运转
15	负压计安装	按设计进行 U 形负压计安装

任务2　轴流式通风机的安装

一、机体整体组合吊装就位

将通风机主体运搬到基础的安装位置，如图8.1所示，设立一组无缝钢管人字桅杆。选用适当的起重工具，将风机主体吊起，慢慢放在已布置好的垫铁平面上，将地脚螺栓穿入机座螺孔中，并拧上螺帽。当风机吊放完毕后，拆除起吊工具，进行找平找正及清洗调整工作。

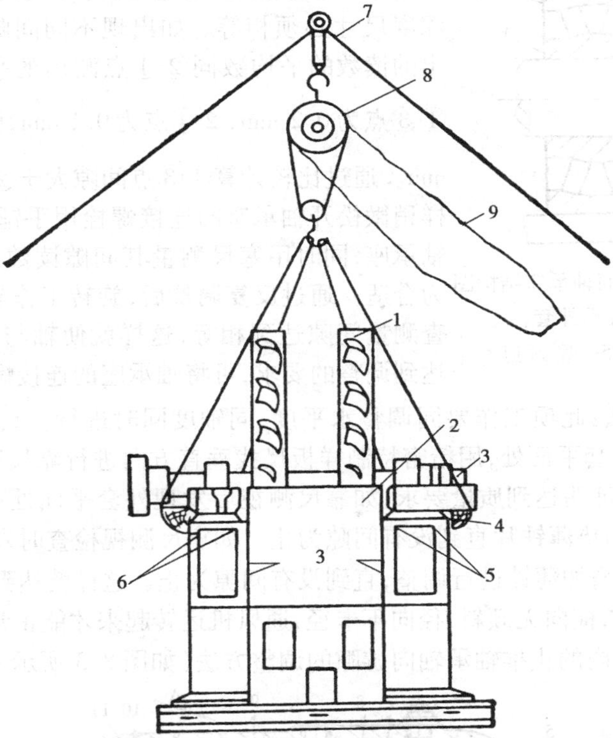

图8.1　通风机主体起吊示意图

1—风机工作轮；2—风机主体；3—主轴；4—起吊保护木块；
5,6—绑起吊钢丝绳处；7—人字桅杆；8—链式起重机；9—起重机拉链

二、吊装就位前注意事项

在风机主体未吊放之前，出风道的扩散器、芯筒、反风门、风道流线体、导向风门等都应先吊放在安装的位置处。防止因风机主体吊放后，出入风道口被堵死，无法吊入这些零部件。

三、轴承的清洗和调整

1. 轴承的清洗

当风机主轴就位后，拆开滚动轴承座的上盖，用煤油及毛刷将轴承内的润滑脂清洗干净，而后用擦布将轴承座内部擦净。

2. 滚动轴承和止推轴承的调整方法

(1)风机工作轮主轴的两个支承轴承是采用双列调心滚柱轴承来承受径向负载的。轴向负载是采用圆锥滚柱止推轴承来承受的。这两组轴承安装时如没有很好调整和检查,就会出现轴承和轴承座的水平度、同轴度不合乎要求或倾斜度大于规定,止推轴承轴向游隙不合适等问题。如出现上述情况之一,就会产生轴承温升过高,使风机无法运行。因此对滚动轴承和止推轴承的调整工作,必须特别注意并精心地按技术规定做好,才能防止通风机运转故障的发生。

(2)对滚动轴承及轴承座的同轴度调整方法如图 8.2 所示。

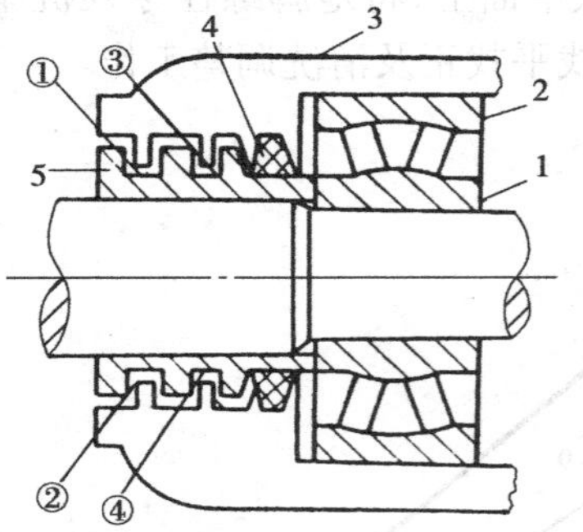

图 8.2　轴流式通风机前面轴承座结构图
1—轴承内套;2—轴承外套;
3—轴承座;4—毡套;5—密封套

a. 滚动轴承同轴承座的同轴度调整方法:按图 8.2 所示的①②③④点处,用塞尺(薄叶规)插入测量,其间隙和深度尺寸必须相等。如出现不同间隙,则要将①③点测出的读数的平均数同②④点测出的平均读数相比较,如①③点为 0.2 mm,②④点为 0.1 mm,则 $\frac{0.2-0.1}{2}=0.05$ mm。通过比较计算①③点间隙大于②④点 0.05 mm。这样稍微松开轴承座的连接螺栓用手锤轻轻敲打①③侧的轴承座,同时用塞尺测量其间隙读数都达到 0.15 mm 即为合适。通过反复调整后,旋转工作轮的对应点,反复检查测量间隙达到相等,这样就使轴与轴承座为 90°角,即达到调整的要求,可将轴承座的连接螺栓拧紧。

b. 倾斜度调整方法:此项工作要同调整水平度、同轴度同时进行。具体调整方法是按图 8.2 中的轴承外套和内套平面处,用精密特制样板尺找垂直方向进行靠尺测视,如测视后两个套的平面处都无间隙,证明达到质量要求,如靠尺测视后发现外套平面处有间隙,这样就在轴承座的接合处的左端加垫薄铁片直到没有间隙为止。如靠尺测视检查时发现内套平面处有间隙,则在轴承座的右端增加薄铁进行调整,直到没有间隙为止。这样就达到了轴同轴承座的横向和纵向都成为 90°角,横向无倾斜,径向不卡径,通风机运转起来才能正常。

(3)对止推轴承座内的止推轴承轴向游隙的调整方法(如图 8.3 所示)。

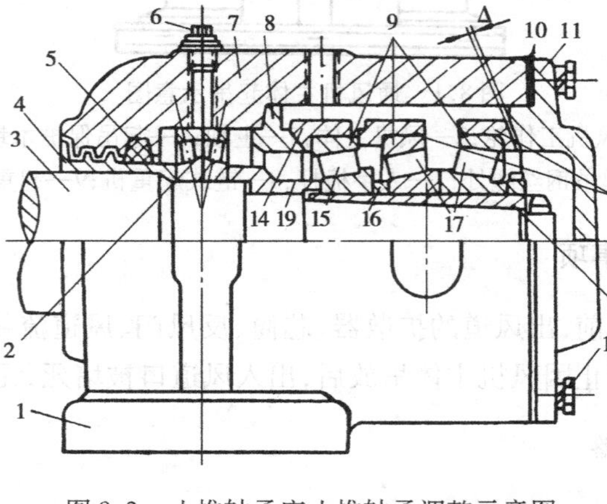

图 8.3　止推轴承座止推轴承调整示意图
1—轴承座;2—双列向心球面滚子轴承;3—轴;4—密封套;5—毡套;6—螺套;
7—上瓦盖;8—推力环圆盘;9—轴承外圈;10—调整垫;11—侧盖;12,14—止动环套;
13—斜套;15,17—圆锥滚子轴承;16—止动轴套;18—螺栓;19—轴套

a. 轴及轴承座安好后，将上瓦盖 7 打开，用螺栓 18 将侧盖 11 压紧，拨动主轴 3，使推力环圆盘 8，止动环套 12，14，轴承外圈 9 等都推移到轴套 9 的台肩处。然后用塞尺检查测量止动环套 12 与侧盖 11 球面处间隙 Δ，要求在 0.1 ~ 0.2 mm。超过这个范围时可采用加减调整垫 10 的厚度方法，调整到合格为止。

b. 间隙调整好后放好密封套 4，5，分别在轴承箱内注上润滑脂，注油量为轴承空间的2/3。同时将密封槽及轴承接触面都涂上一层黄油，然后盖上轴承座的上瓦盖 7，用对称方式均匀地拧紧轴承螺栓。

任务 3　通风机主体的找平找正

轴流式通风机主体找平找正如图 8.4 所示，其具体方法如下：

一、找正

用划卡在工作轮主轴两端圆心处，找出轴心点 A 和 B，并找出机座中心点 C 和 D（D 点在 C 点的对面一侧对称处）。在机房的固定线架 15 和 16 处挂上 $\phi 0.5$ mm 的钢丝并拉紧。然后在纵、横两个安装基准线（$\phi 0.5$ 钢线）上各挂上 4 个 0.5 磅的线坠（横向基准线图 8.4 中未标出）。以图示为例，用两线坠找正中心点 B，然后用同样方法找正 A，C，D 3 点。

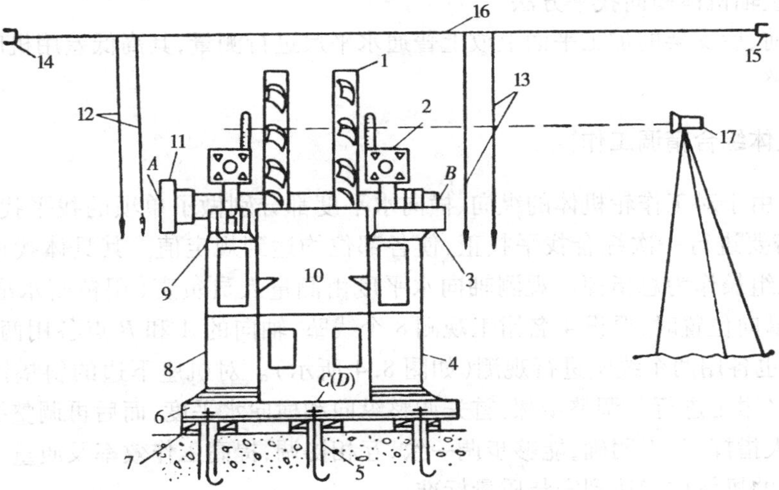

图 8.4　轴流式通风机体操平找正示意图

1—风机工作轮；2—带刻度方水平尺；3—1#轴承座；4—后支架；5—地脚螺栓；
6—风机机座；7—垫铁 8—前支架；9—2#轴承座；10—风机主体；11—联轴器；
12，13—线坠；14，15—固定线架；16—纵向基准线；17—水准仪

二、找平

1. 工作轮的主轴纵向水平度测量及调整方法

按图 8.4 所示，在主轴两端的 1#和 2#滚动轴承外套平面上各放一个带刻度尺的方水平尺

14,由测量人员用精密水准仪17测量出两端的读数,与通风机房内的基准标高点进行比较,计算出调整数值(按图8.5所示)。计算方法如下:

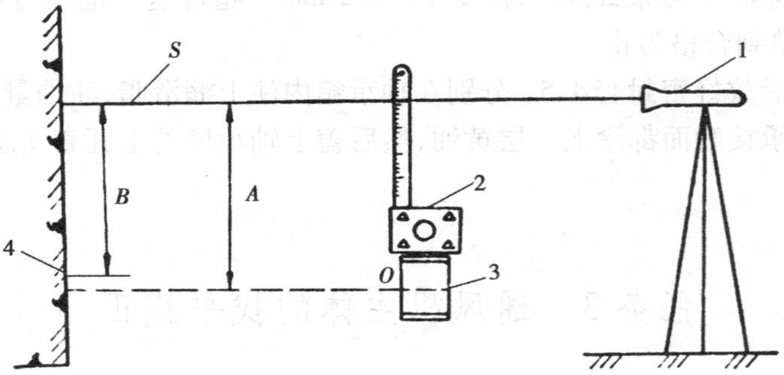

图8.5 轴心点水平测量与基准点对比示意图

1—精密水准仪;2—带刻度尺方水平尺;3—轴承外套;4—基准标高点;

S—测量基准线;O—轴心点;A—轴心点O到测量基准线的距离;

B—基准点到测量基准线的距离

若 $A-B=0$,轴心点 O 同基准点4重合,不需调整。若 $A-B>0$,轴心点 O 低于基准点4,设备应往上升。若 $A-B<0$,轴心点 O 高于基准点4,设备应往下落。举例说明:如 A 为249.5 mm,B 为250 mm,则 $A-B=-0.5$ mm(<0),所以机座应往下落0.5 mm。

2. 工作轮主轴机体横向找平方法

在机体的前、后支架的加工平面上放上普通水平尺进行测量,其高低差用机座下面所垫的斜垫铁进行调整。

三、风机主体综合精调工作

综合调整:由于对工作轮机体的纵向、横向水平度都分别做了单项的找平找正,由于不是同时进行,故需要进行一次综合找平找正,使各部位均达到规定值。其具体找正工艺过程如下:由钳工施工组长作为总指挥。观测轴向水平度由测量人员负责(用精密水准仪),观测纵向位置和主轴横向位置时,要设4名钳工观测8个线坠,轴向的 A 和 B 点各用两个线坠,横向的 C 点和 D 点也各用两个线坠进行观测(如图8.4所示)。对机座下边的斜垫铁调整和机座移动要各由两名钳工进行。调整步骤:首先调整纵向和横向水平度,而后再调整纵向和横向位置。由于设专人指挥,分工明确,能够步调一致,互相协调,提高工作效率及质量。通过综合精调后,使通风机的机体位置达到安装质量标准。

四、风机主体风筒安装

风机主体安装找平找正后,可进行主体风筒上半部吊装,并对称地拧紧连接螺栓,螺栓接口处放上用铅油浸过的石棉绳,以防止漏风。安装时要注意工作叶片和主体风筒间隙必须符合规定的数值。

任务4　扩散器风筒及附属设备的安装

一、扩散风筒安装

扩散风筒安装在出风风道中，安装前对扩散风筒、芯筒及支架都要进行检查，如发现变形，要进行修理、矫正、平直。扩散风筒如是整体的，则应根据风机主体的中心线测算出所需垫铁高度，将垫铁放在风筒支座下边进行找平，按安装基准线进行找正。

二、反风装置安装

(1)风门安装

按风道的中心线和标高点，将二组风门进行找平找正。先安装风门支承梁，在支承梁找平找正的同时在两端用斜垫铁固定牢固，然后焊接折页、插销，随之将风门安好，合适后将风门四周的防漏风胶皮板全部装上。

(2)风门提升绞车安装

在用反风道反风时，需安装风门小绞车，要按设计图纸规定的标高和位置尺寸，将小绞车安装好，随之对风门梁及小绞车的导向滑轮座进行二次灌浆，养护后，将启闭风门用的钢丝绳缠绕在滚筒上。

三、附属部件安装

1. 参照设计图纸尺寸和位置将流线体上盖、集风器、联轴器的保护罩等分别安装好。

2. 遥测温度计安装

每台轴流式通风机的各个滚动轴承各安装一个带电接点的温度计。温度计的扇形观测镜安装在司机台上方，温度计的感温管安装在轴承座上盖的螺纹孔中。

3. U形管负压计的安装

参照施工设计图纸，按使用单位需要，在通风机房内司机容易观测的位置，安装一套U形管负压计。

任务5　轴流式通风机的试运转

一、试运转前的准备工作

1. 调整风门开启和关闭位置及钢丝绳的松紧程度。

2. 将工作叶片转到零度位置。

3. 检查并拧紧各部连接螺栓及地脚螺栓。

4. 风门绞车的传动装置注入机械油；电动机的滚动轴承注入润滑脂；同步电动机的滑动轴承注入20#机械油。

5. 打开检查门，清除机内及风筒间的杂物。然后进行人工盘车，检查转子转动是否灵活。

6. 电动机空转试验检查电动机旋转方向是否正确。

二、通风机的试运转

1. 试验风门和风门绞车的运行状况，检查转动是否灵活可靠，风门与风道是否严密，行程开关是否动作灵敏。

2. 打开进风门，关闭反风门，使工作叶片在零度位置时进行空运转。在试运转时要注意以下几点：

(1)试车人员应到流线体内部和芯筒内部，仔细观察工作轮转子部分的振动情况，以及各组轴承的温升情况。

(2)空运转五分钟后，停车进行全面检查。

(3)经检查，如各部件正常，再进行第二次运转，运转半小时后，再停机检查。

(4)初步试车往往会出现轴承温升较快，温度较高的情况，这是因为轴承运转中有个跑合的过程，在试车中只要温度在60 ℃以下，就不要轻易停车。在正常情况下继续运转，轴承经过跑合后，轴承温度就会逐渐下降。如果试车期间再更换一二次润滑油，温度的下降就更加明显。

(5)工作叶片在“0°”位置时试车很重要，如在“0°”位置试车正常时，那么在工作叶片转角度后试车一般说来也是正常的。

3. 空负荷试运转一般为4小时，负荷运转为48小时。

4. 在试运转工作中要注意经常检查下列几个部位：

(1)每隔20分钟要检查电动机、通风机轴承等部件的温度，并做好记录。

(2)如电动机为滑动轴承，应注意油圈的转动和带油情况。

(3)随时注意机体各部位振动情况，并注意扩散器等部位有无漏风现象。

任务6　FBCDZ系列对旋轴流式通风机的安装

一、安装要求

该通风机出厂时，分成集流器、Ⅰ级主机、Ⅱ级主机、扩散器4个部件单独运输，安装前，用户可根据安装尺寸图，预先铺设好轨道(轨道安装时)和通风道，吊装Ⅰ、Ⅱ级风机时，要用风机底座的吊耳，风机机壳上部的吊耳为风机解体时使用，安装时，移动Ⅰ级风机，使集风器和短接管对接，然后将短接管同通风道一起浇注混凝土。根据需要，按照轮毂面上刻度调好Ⅰ、Ⅱ级风机叶片角度，然后上紧叶柄螺母，并检查叶顶和保护环的间隙，对叶轮进行盘车，盘车时应轻快不得有卡滞现象，然后检查电动机排油道是否在运装中有损伤，该机用油为二号二硫化钼锂基润滑脂。最后用螺栓将带有密封胶垫的各部件法兰全部连接好，用卡轨器将整机和钢轨锁紧。

通风机安装紧固后，必须对筒体保护环与叶片的间隙进行检测，在保护环圆周任意位置的单边间隙均不得小于2.5 mm。其间隙应均匀一致。

通风机配套电动机接线前应使用兆欧表测量电动机冷态绝缘电阻,不应小于 100 MΩ。通风机配用电动机防爆型式:隔爆型;防爆标志:ExdI。

二、运转及叶片角度的调节

1. 试运转

试运转前应符合下列要求:

(1)长途运输或长期搁置不用的电动机,在使用前应用兆欧计测量定子绝缘电阻,定子绕组的冷态绝缘电阻应不小于 100 MΩ;

(2)电动机转向应正确;

(3)按照实际情况根据性能曲线调节好叶片安装角;

(4)风机叶轮转动灵活,无"蹩脚"或"卡住"现象;

(5)风道内不得留有任何杂物,以免损伤叶片,达到以上要求,即可试运转。

启动时为了避免电动机过热,在冷态下允许连续启动两次,中间间隔 5 分钟以上;热态下只允许启动一次,如果还需要启动,等电动机适当冷却后方可启动。先启动Ⅱ级风机,启动完了,再启动Ⅰ级风机。为了减少启动电流峰值,没有必要两台电动机同时启动。

2. 通风机试运转应符合下列要求

(1)通风机启动时,应监视各部位有无异常现象,如有异常现象,应立即停车。

(2)调节叶片安装角后,电流不得超过电动机的额定值;该机叶片安装角度为叶根平面与轮毂端面夹角,性能曲线的叶片安装角为Ⅰ、Ⅱ级叶根安装角度的平均值。

(3)叶片角度调节应按矿井通风参数在风机性能曲线上选择好运行角度,用内六角板手松动叶根位置的 4 颗内六角螺栓,再把叶片扳动到所需角度后,重新上好内六角螺栓即可运行。

(4)轴承及定子绕组的正常工作温度不应超过《电动机说明书》规定的温度;YBF 系列电动机均为 F 级绝缘允许运行温度上限为 135 ℃,轴承允许运行温度上限为 95 ℃。

(5)主轴承温升稳定后,试运转时间不得少于 8 小时。

3. 通风机试车中要进行下列项目检查

a. 倾听转子运转声音是否正常,有无摩擦现象;

b. 检查连接螺栓有无松动;

c. 每隔半小时到一小时观察电动机轴承和定子绕组的温度,一般运行两小时温度基本稳定;

d. 检查电气与仪表装置,有无损坏或失灵;

e. 根据风机技术性能规定进行负荷试验,测量风量和风压。

4. 正式支行

试运转完毕,应对通风机进行全面检查,无误后即可投入正式运行。

5. 对旋主扇叶片的角度调节

(1)叶片角度

在通风机叶轮的轮毂上,刻有 25°,30°,35°,40°,45° 5 个不同的角度标记。叶片角度调整时,以叶尾(叶片相对较薄的部分)的中心对准所要调定的角度即可,如图 8.6 所示。若遇不在标记点的角度,则根据标记点间度数为 5°的关系,作相应调整。

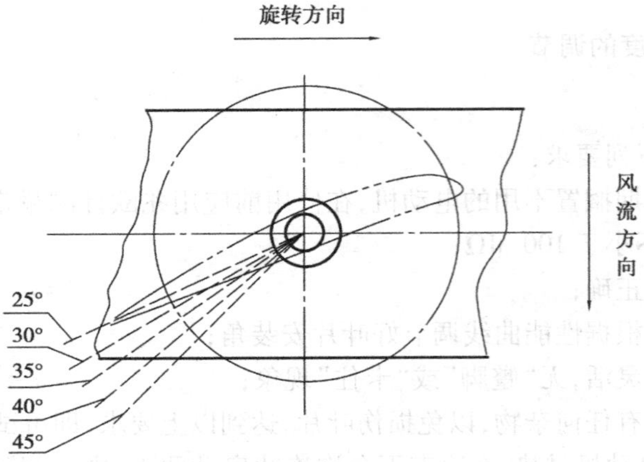

图 8.6　叶片角度的确定

(2)叶片角度确定

由于对旋风机Ⅰ、Ⅱ级叶片的片数及几何形状都不一样,在设计时,Ⅰ、Ⅱ级角度是不一样的。所以,在叶片角度调节时,一般都有 3°~5°的角度差(Ⅰ级大、Ⅱ级小),个别情况有2°~7°的角度差。

用户在叶片角度确定时,应根据矿井通风要求,在厂方提供的该通风机的性能曲线上,找到与风量、负压相对应的角度(此角度为Ⅰ、Ⅱ级叶片的算术平均角度),再在此角度的基础上,Ⅰ级加 2°,Ⅱ级减 2°,即为该通风机的Ⅰ、Ⅱ级叶片角度。

上述角度的确定,仅是一个理论值,一般情况下可以按此操作。但是,在运行时,若风量、负压基本合适,而Ⅰ、Ⅱ级电动机电流相差过大(比如 >10%),则可根据电流的大小按如下方法作进一步的调整,使得Ⅰ、Ⅱ级电动机电流最大可能达到一致:

a. 风量适当　则将电流较大的一级叶片角度调小(一般 1° ~ 2°),将电流较小的一级叶片角度调大(一般 1° ~ 2°);

b. 风量偏小　则将电流较小的一级叶片角度调大(一般 2° ~3°),电流较大的一级叶片角度不动;

c. 风量偏大　则将电流较大的一级叶片角度调小(一般2°~3°),电流较小的一级叶片角度不动。

(3)叶片角度的调整

根据厂方提供的内六角扳手,松动叶根位置的 4 颗内六角螺栓,再用铜棒作垫,轴向敲击叶柄,松动后将叶片扳到所需角度,重新上紧内六角螺栓即可(不能用导筒加力)。每次调整叶片角度运行几小时后,必须再次紧固所有的叶片螺栓。若叶片的紧固不是用内六角螺栓(一般 16#以下的风机),则在叶片的紧固时,必须用加力套筒一次性紧固所有的叶片螺栓,通风机一经运行,不再紧固所有的叶片螺栓。

问题思考

1. 在通风机轴承座上为什么要设立定位销？并叙述定位销的设置方法？
2. 叙述扩散风筒安装方法？
3. 轴流式通风机试运转前应做哪些准备工作？
4. 轴流通风机试运转时应注意哪些事项？

学习情境 9 矿山提升设备的安装

任务导入

矿井提升设备没有备用的,因此它是否能正常、可靠地工作直接影响着煤矿的正常生产,而设备的安装质量又是影响它的关键,因此在这里我们要学习怎样去正确安装提升设备。

学习目标

1. 了解提升设备的安装程序。
2. 能对提升机各个主要零部件进行安装。
3. 能对提升机进行调整。
4. 能正确地进行安全控制和质量控制。

任务1 提升设备的安装程序

提升设备的安装程序见表9.1。

表9.1 提升设备安装程序表

序号	安装项目	安装内容
1	测量放线	1. 测量提升系统十字中心线 2. 放线
2	基础建造	1. 挖坑 2. 制作木模、固定木模 3. 浇灌混凝土、保养
3	垫铁布置	1. 按实测基础标高,对比基准标高,计算出垫铁厚度。然后按质量标准摆放垫铁 2. 用水平尺对垫铁进行找平找正,并铲好垫铁窝及基础上的麻面

续表

序　号	安装项目	安 装 内 容
4	设备检查	1. 按装箱单和设备说明书，清点检查设备零部件的数量及完好情况 2. 清洗机械表面及零部件表面的防腐剂，并进行除锈工作
5	主轴承座梁安装	1. 将主轴承座梁吊放在基础的垫铁平面上 2. 按基础的标高点和主轴安装基准线，进行找平找正
6	主轴装置安装	1. 设立起吊工具，将主轴同卷筒组成一体，吊放在主轴承内 2. 按基准标高和安装基准线，对主轴进行找平、找正。
7	减速器安装	1. 按主轴联轴器的轴心点水平标高，测量出应垫垫铁的高度按规定摆放垫铁 2. 将减速器吊放于垫铁平面上 3. 以主轴联轴器为基准，对减速器进行找平找正
8	电动机安装	1. 按减速器（输入轴）的轴心点水平标高，测量出电动机应垫垫铁的高度，按规定摆放垫铁 2. 将电动机带机座吊放于垫铁平面上 3. 按减速器（输入轴）的端面间隙、同轴度对电动机（包括机座）进行找平找正
9	盘形制动器及液压站安装	1. 按主轴中心线水平、制动盘摩擦圆、制动盘中心线，对盘形制动器进行找平找正 2. 按施工图纸的尺寸位置，安装液压站
10	附属部件安装	1. 以减速器高速轴的三角皮带轮为基准安装测速发电机 2. 安装主轴伞齿轮位置和标高安装深度指示器 3. 按施工图纸安装操作台 4. 按施工图纸安装润滑泵站
11	二次灌浆	1. 对已经安装了的部件进行二次灌浆 2. 灌浆工作安装质量标准进行
12	空负荷试运转	1. 对电动机、减速器、盘形闸、液压站、润滑泵站等设备部件都要进行单项试运转 2. 对电动机、减速器、主轴装置进行联合试运转（正、反转各4小时）
13	制动盘及衬木车削	1. 安装专用车床，进行制动盘及衬木的车削工作 2. 安装挡绳板和保护栏杆

续表

序 号	安装项目	安 装 内 容
14	负荷试运转	1. 在滚筒上缠绕钢丝绳，挂设提示容器 2. 负荷试运转 48 小时
15	粉刷油漆	按规定对设备及各种油管进行油漆
16	提升设备移交使用	1. 将提升机房进行彻底清扫 2. 整理好安装施工的各种技术文件及资料 3. 向使用单位办理移交

任务2 安装前的准备工作

在设备安装工程施工之前，必须有充分的准备。工程质量的好坏，施工进度的快慢，直接与施工准备发生联系，如果施工准备工作做得完善，对任务完成和工程质量的要求是起一定的保证作用，忽视这种准备工作，一定会招致工作忙乱，短此缺彼，使工程进度拖延，且会影响质量，施工前的准备工作主要有下列几方面：

一、组织方面的准备

在施工前必须考虑当地情况，结合具体条件成立施工组织机构，划清职责范围，在统一指挥和分工合作的原则下，成立必需的机构和指定专职人员负责施工。

二、技术方面的准备

技术准备是施工前的一项重要工作，缺少这种准备，就不可能进行施工，如盲目施工，一定会影响安装质量，这是不允许的。技术准备包括说明书、施工图纸、施工操作规程和质量标准等。

三、供应方面的准备

在施工之前，必须准备施工材料，运搬和起重工具，检验和测量工具、仪器、试运转用的润滑油类等。应注意在安装前的一段时间内，设备必须到达现场，并按照图纸和设备清单检点主要机械设备、零部件、电气设备、辅助材料等。

四、其他方面的准备

1. 准备敷设电缆的路线；
2. 接地线及电气设备安装的地方；
3. 电气设备的查线和调试。

除上述准备工作外，其他如技术资料的消化，设备性能的熟悉，施工力量的准备，操作人员的培训等，都是重要的，根据过去经验，如果这些工作没做好，必然在施工中遭遇到一定的困难,而且很可能拖延工程进度和影响安装质量,甚至使工程返工,影响生产,造成浪费。

五、十字中心线的测量及定位

对提升系统来说有斜井和竖井提升两种,无论是哪种提升在测量定位时都应以设计、施工图纸为依据。

1. 提升中心线的测量——井筒提升中心线是提升轨道(罐道)的对称中心线(不一定是井筒中心线),在测量时将此中心线用经纬仪延长至绞车房。

2. 主轴中心线的测量——主轴中心线是在测量提升中心线时在机房规定位置用经纬仪转90°后测量得到的。十字中心线的交点位置应符合图纸设计要求。如是斜井,一般来说,交点位置是在提升中心线上由离井口的距离确定的,这距离的确定可参照图9.1计算。

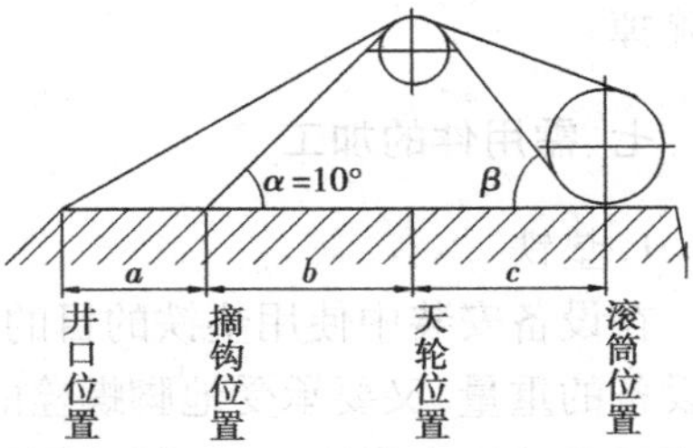

图9.1　斜井车场图

从井口到摘钩点的距离 a 一般应有20 m左右,尺寸 b 应由 α 角和天轮高度确定,而天轮高度应考虑尺寸 c 和 β 角的影响及天轮下是否过车等,尺寸 c 应保证 β 角符合下列数据:角移式闸双筒绞车的下出绳仰角 β 一般不小于30°XKT型双筒绞车不小于15°。在斜井提升中有时对一些单筒(上出绳)绞车可不采用天轮。

测量十字中心线时做好测量标记,先用经纬仪将点投在四面墙上,根据点的位置在一定高度(比人高些,以免行走时挂人)钉牢4个铁抓钉,注意抓钉一定不能摇动,然后再用经纬仪将点投到抓钉上,做上标记,并对准标记在抓钉上方及内上角用钢锯片锯出小槽,锯槽的目的是让钢丝放在槽内准确地对准点和防止钢丝被抓钉的棱角割断。最后用直径0.5~1 mm的钢丝绷在这4个铁抓钉上,这样便定出了两个基准线——提升中心线和主轴中心线。为了绷紧钢丝,在两端挂上较重的铅锤(可用适当的铁器或铁块),为防止铅锤摆动,将铅锤放入油盒中。

六、零部件的检查和清洗

按照图纸和设备清单检点主要机电设备,零件是否齐全,是否符合装配图及基础图的尺寸(尤其是设备的地脚螺栓孔等有关尺寸),这一点很重要,否则在基础建造好后有机器对不上位置的可能,另外还要检查是否在运输及保管中有损伤。机器由制造厂运来时都附有说明书和部件名称、数量、规格等文件。在检点中如发现缺少零件、零件不合规格、零件有缺陷和图、物对不上时必须及时处理。

在安装前要用丙酮或其他溶剂(如酒精、汽油、松节油、煤油等)清洗接缝的表面和摩擦面的防腐剂、油漆和锈垢,在清洗时应拆开零部件,清洗完后擦干清洗剂,对各摩擦面加润滑油,并对无漆保护的地方抹润滑脂保护以防生锈。

在拆开零部件前应检查制造厂所作的装配记号,如无或记号不清时应重新作上记号再予拆开,比如各轴承与轴瓦、轴承与机座间在做上记号拆开后,装配时应按记号复原,以保证原性能。

对检查清洗后的零部件应动作可靠、灵活、无卡住及其他不正常的现象。对主轴装置的清洗、检查有下列几项工作:

对双筒绞车，则应将活动卷筒搞活，一般由于设备在出厂后经运输、保管了一段时间，常遇到活动卷筒不活，甚至活卷筒转动困难。在清洗时可先用溶剂清洗其接缝处，使其浸入，再慢慢活动卷筒，如还不动，可用小千斤顶安在活动卷筒与固定卷筒两相邻的轮辐上，这样千斤顶一头顶在活动卷筒的轮辐上，一头顶在固定卷筒的顶辐上，便可使活动卷筒相对固定卷筒（即主轴）转动，一边转动，一边清洗，最后使其灵活，在清洗干净后擦干溶剂，注入润滑脂。

对所有的地脚螺栓应把丝扣下埋入混凝土的地方的油类、锈垢等除掉，油类不易擦净可以用火烧掉。在擦干净后应对丝扣加上黄油或凡士林以防生锈和浇灌混凝土时抹上水泥浆后不易除掉。

七、需用件的加工

1. 垫铁

在设备安装中使用垫铁的目的主要在于调整设备的水平度和高度（见图9.2）。垫铁要承受设备的重量，又要承受地脚螺栓的拧紧力。所以垫铁要有一定的面积，其面积大小是根据基础所承受的压力来决定的，其计算可用下面近似公式：

（1）垫铁总面积的确定：

$$A = C\frac{10\ 000(Q_1 + Q_2)}{R}$$

式中 A——垫铁底面的总面积（mm^2）；

C——安全系数，可取1.5～3；

Q_1——所承受的设备重量（N）；

Q_2——地脚螺栓的总拧紧力（N），一般可采用地脚螺栓的许可抗拉强度；

R——基础的抗压强度（MPa）；一般可采用混凝土的设计标号。

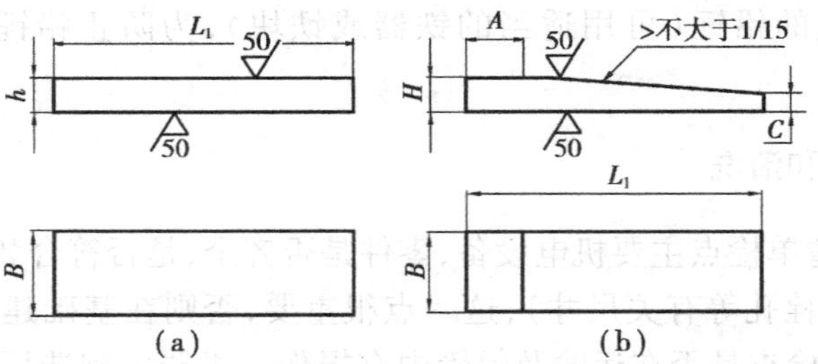

图9.2 普通垫铁

（a）平垫铁；（b）斜垫铁

（2）垫铁组数的确定：

原则上每个地脚螺栓应有一组垫铁，其计算公式如下：

$$Z = \frac{A}{KF}$$

式中 Z——垫铁的组数；

A——垫铁底面的总面积；

K——有效接触系数，可取0.65～0.85（垫铁底面应尽可能与基础表面密切接触）；

F——每一组垫铁的底面积（mm^2）。

质量标准(试行)对垫铁作了如下规定：

(3)主轴、减速机及电动机机座下的垫铁应符合下列要求：

a. 宽度不小于50 mm的钢板；

b. 斜垫铁的斜度不大于1/15；

c. 表面加工粗糙度不大于$\overset{100}{\bigtriangledown}$，钢板制作的平、斜垫铁其平面可不加工；

d. 除机座下有指定的垫铁位置者外，轴承下及地脚螺栓两侧应设置垫铁，当条件受限制时，可在一侧设置；

e. 层数不超过4层；

f. 平稳度要求垫铁下的基础面平整，垫铁组稳实(用0.3～0.5 kg检查锤敲打不松动即为稳实)。

(4)其他机座下的垫铁不作要求。

根据以上对垫铁的要求，可先确定出放垫铁的位置，斜垫铁应成对使用，然后算出平、斜垫铁的用量，对整体机座式的绞车应多加工几对垫铁，以备矫正机架时使用，平垫应准备一些厚薄不同的。其他机座不作要求的垫铁可另取尺寸，下面是几种规格的平、斜垫铁的尺寸(见表9.2，表9.3)：

表9.2　普通平垫铁尺寸　　单位：mm

编号	*L*	*B*	*H*	备　注
1	125	60	3	设备重量5 t以下适用
2	125	60	6	
3	125	60	9	
4	125	60	12	
5	125	60	15	设备重量5 t以上适用
6	150	80	3	
7	150	80	6	
8	150	80	12	
9	150	80	15	

表9.3　普通平斜垫铁尺寸　　单位：mm

编号	*L*	*B*	*A*	*H*	*C*	备　注
1	110	50	10	10～11.7	5	设备质量5 t以下适用
2	130	75	15	11.8～13.7	6	设备质量5 t以上适用

注：尺寸*H*是根据1/20～1/15的斜度计算的。

2. 衬木

衬木是作为钢丝绳软垫，使钢丝绳沿绳槽均匀排列，并减少钢丝绳的互相挤压及磨损的。加上衬木后，提高了卷筒的刚度，减小了卷筒外壳中的表面弯曲应力，防止产生过度变形，避免卷筒皮被压弯或产生裂纹。

绞车到货后，可看一下卷筒上是否已装上衬木，一般都是未装衬木的，这时便需自己加工（或更换时加工）。在加工前应确定出衬木的尺寸、数量等。数量的确定可先数出卷筒上一周的固定衬木的螺栓孔的数目，再根据卷筒个数算出所需要衬木的总个数。尺寸的确定可先量出卷筒的周长 L_0（在铁皮上量），再按下列公式算出其他尺寸（如图9.3）：

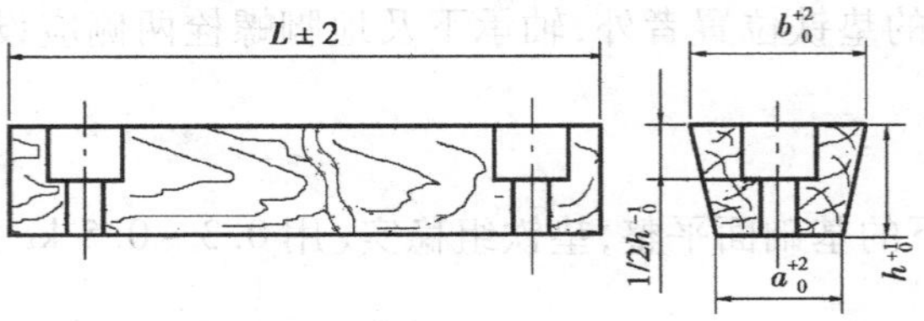

图9.3　衬木图

$$a_0 = \frac{L_0}{z}$$

式中　z——每个卷筒的衬木个数。

$$b = a_0 + \frac{2h\pi}{z}$$

式中　h——衬木厚度，可取2~3倍钢丝绳直径 d，但一般不小于50 mm，另外还应照顾到加衬木后的卷筒直径不要与绞车的设计直径差得太远。L_0 值由卷筒直接量得。当衬木较宽时（如有的1.2 m绞车每个卷筒的衬木个数为9个），衬木的上下两个面应加工成圆弧面。

衬木应采用强度高而韧性大的柞木、桦木、橡木、榆木、水曲柳等较好的硬木料制成，尽可能的不用松木之类的泡木，这些木料在压力作用下容易产生裂纹，寿命很短。另外，允许在衬木的厚和长的断面上有单个裂纹，但其深与长均不得大于其断面的20%，木料的含水量也不宜过大。

衬木上的螺旋绳槽应按钢丝绳的缠绕方向刻成。相邻两个槽的中心距 S 和深度 C 可以按下式计算：

$$S = d + (2 \sim 3)(\text{mm})$$

$$C = 0.35d(\text{mm})$$

固定卷筒木衬用的螺栓头必须沉入木衬厚度的1/2，以免木衬有一定磨损时钢丝绳与螺栓头接触。在安装衬木时要钻螺栓孔及修整边缘。衬木全部安装完毕后，将其空隙和各木衬间的缝隙堵死（塞满）。如多层缠绕，则可在层与层之间的过渡处加设过渡块，以免钢丝绳卡住以及排列不整齐。

一般衬木在磨损到原厚度25%~40%时应考虑更换。

3. 铁梯

在基础较深的坑壁上应安装铁梯，以便检修时上下人。梯的数量及尺寸应按图纸要求，材料可用 ϕ20 左右的圆钢弯成。如无此资料时，可按如下确定：梯的数量由安梯的壁高来定，梯的间距为300 mm，最上一个距基础边缘为200 mm，梯子的弯制尺寸如图9.4，埋入混凝土里面的弯钩可向上弯，这样在模板上打两个圆孔便可穿入，穿入后弯钩扎上钢筋（在地面可焊接），这样在浇灌混凝土后梯子就被牢固地固定在坑壁上。

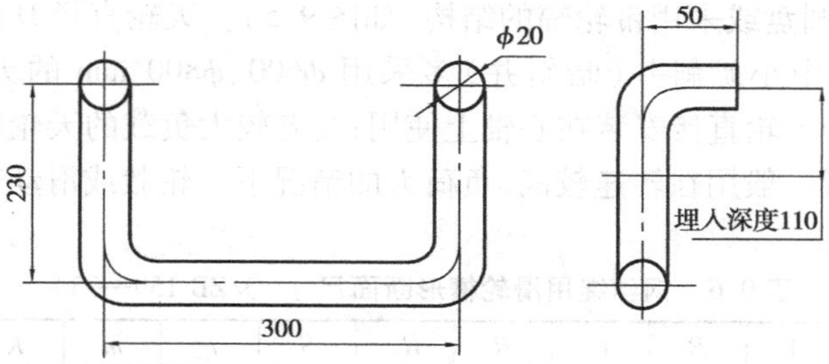

图9.4　铁梯

4. 地脚螺栓

设备地脚螺栓不齐或应配地脚螺栓(如电气设备),其直径和长度的确定如下:

(1)实际量得的地脚螺栓孔径为 d,则可按表9.4选择地脚螺栓的直径 d_0。

表9.4　d_0 和 d 的对应关系　　单位:mm

孔径(d)	12~13	14~17	18~22	23~27	28~33	34~40	41~48	49~55	56~65
螺栓直径(d_0)	10	12	16	20	24	30	36	42	48

(2)选择好地脚螺栓直径 d_0,即可按表9.5确定地脚螺栓的埋入深度 L_0。

表9.5　在C10混凝土中地脚螺栓的最小埋入深度　　单位:mm

螺栓直径(d_0)	埋入深度(L_0)	
	弯钩式的螺栓	锚板式活动螺栓
10~20	200~400	200~400
24~30	500	400
30~42	600~700	400~500
42~48	700~800	500
52~64	—	600
68~80	—	700~800

注:地脚螺栓应符合GB 799—67地脚螺栓的规定。

直径 d_0 和长度 L 也可按下面公式计算:

$$d_0 = d - (3 \sim 5)\ (\mathrm{mm})$$

$$L = 15d_0 + S\ (\mathrm{mm})$$

式中　d_0——地脚螺栓直径;

d——地脚螺栓孔直径;

L——地脚螺栓最小长度,允差为±10 mm;

S——垫铁高度、机座和螺帽厚度以及应留余量(2~3扣)的总和。

5. 天轮

天轮是用来支承钢丝绳和导向的,承受负荷不大的小型天轮一般用铸铁制造(HT 15—33),承受大负荷的大型天轮常用铸钢(ZG25),有时也可用型钢和钢板(A_3)焊接(如单件生产)。天轮

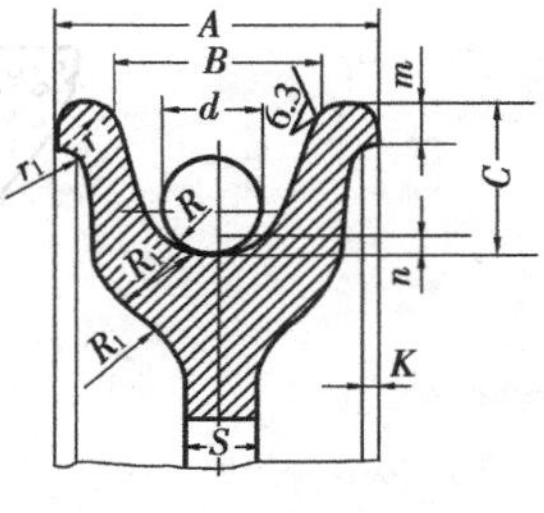

图9.5　滑轮槽形图

一般做成带肋和孔的圆盘或采用带轮辐的结构(如图9.5)。天轮直径 D 应符合安全试行规程331、332条规定,一般中小矿斜井(暗斜井)多采用 $\phi600$、$\phi800$ mm 的天轮。轮槽尺寸见表9.6。一般受力不大的天轮直接安装在心轴上使用;受有较大负载的天轮则在轮毂中装有青铜轴套或滚动轴承,后者一般用在转速较高、负荷大的情况下。轮毂或滑动轴套长度和直径比一般取1.5~1.8。

表9.6　钢丝绳用滑轮槽形断面尺寸(Q/ZB 159—73)　　单位:mm

钢丝绳直径 d	A	B	C	R	R_1	S	n	m	K	r	r_1
6.2~7.7	30	21	17.5	5	10	8	1	5	1	3	2
>7.7~11	38	27	22.5	6.5	14	10		6		4	
>11~18.5	52	38	30	10	20	12	3	8	2	5	3
>18.5~26	72	53	40	14.5	28	14	5	10		6	
>26~32.5	90	68	52.5	18.5	34	16	7	12	3	8	4
>32.5~43.5	108	82	62.5	23	42	20	10	16		10	
>43.5~52	130	98	75	27.5	52	24	12	20	4	12	5
>52~65	150	115	90	32	60	30	15	25		15	

任务3　主轴装置安装

一、主轴装置的组合吊装

直径在2.5 m以内的中型提升机的主轴装置,已在制造厂进行了组合装配,运至施工现场后即可进行整体吊装。在中大型提升机房内为了安装检修方便,如无桥式起重机设备时,则可暂设人字桅杆进行吊装。主轴装置(包括滚筒)的滚运方法按图9.6所示的方法进行,先在提升机的基础坑内叠上枕木垛,而后用小绞车牵引提升机滚筒上所缠绕的钢丝绳,将滚筒及主轴安全滚运到主轴承架的上方。此时拆掉滚运的钢丝绳等工具,挂设起吊工具,吊起主轴,取出基础坑内枕木,将主轴装置稳妥、安全地吊放入轴承内。在主轴吊装前应对主轴进行清洗检查。

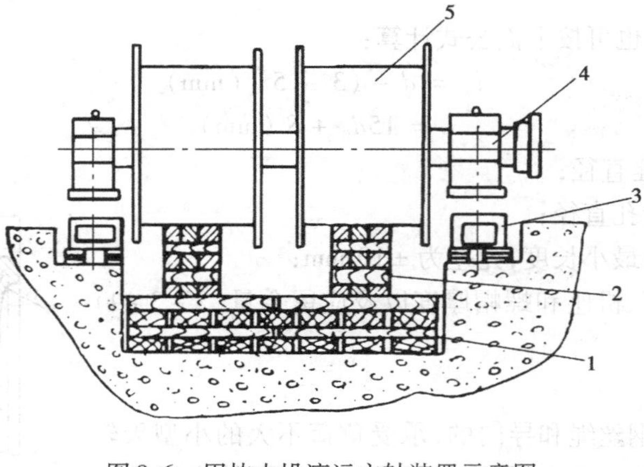

图9.6　用枕木垛滚运主轴装置示意图

1—枕木垛;2—小枕木;3—轴承架;4—主轴;5—滚筒

二、主轴的找平找正

1. 主轴的找平

主轴承座就位后，应进行找平找正工作。主轴的找平方法（如图9.7）所示，用水准仪观测立放在两个轴承面上的带刻度的钢板尺。首先观测一个轴承上的钢板尺刻度，并将其刻度数值记录下来，而后观测另一个轴承上的钢板尺刻度。将两个刻度数值进行比较，即可得出两个轴的高低差，然后利用机座下面所垫的斜垫铁进行调整，直至合格为止。

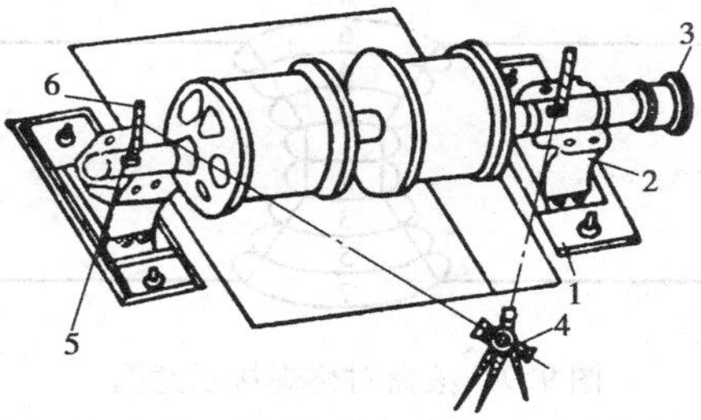

图9.7　主轴水平度的找平示意图

1—主轴承座底架；2—轴承座；3—联轴器；4—水准仪；5—方水平；6—钢板尺

2. 主轴的找正

在主轴找正前，首先在安装基准线架上挂上 $\phi 0.5$ mm 的钢线并拉紧。然后在基准线上挂4条线坠（如图9.8所示），采用双线坠两点联线法找正主轴中心的位置。但在找正前应将轴颈的顶尖孔内压上铅块并找出轴心点。在找正时以观测两条线坠垂线重合并对正轴心眼为合格。当轴心眼左右偏斜时，可调整轴承两侧垂直放置的斜铁移动轴承，使轴心眼移至要求的位置。

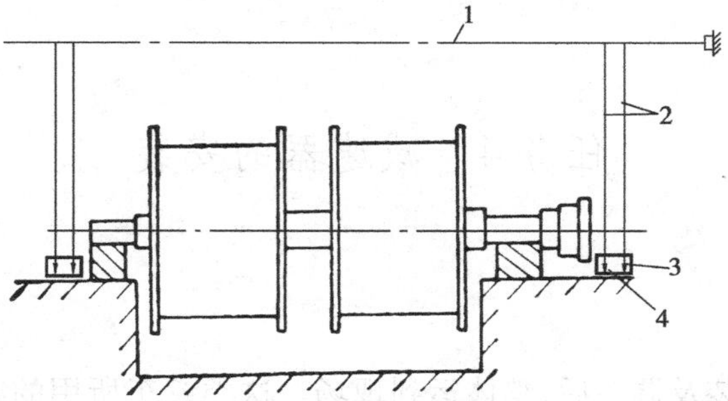

图9.8　主轴中心找正示意图

1—安装基准线；2—线坠垂线；3—线坠；4—油盆

主轴找平找正后应将地脚螺栓拧紧。如果地脚螺栓不带锚板，在找平找正后应先将地脚螺栓孔进行灌浆，待养护后再拧紧地脚螺栓。地脚螺栓拧紧后，螺栓露出螺帽为2～5个螺距。

三、滚筒的连接和焊接

由于装包条件的限制，有的滚筒做成剖分式，运到现场要进行组装和焊接，现将焊接方法讲述如下：

1.滚筒组装工艺

当滚筒上下扇吊装成一体时，由于焊接时滚筒产生变形，可能导致配合螺栓对不上滚筒辐板的螺孔，故应先将配合螺栓穿上并拧紧。

2.滚筒焊接工艺

焊接时焊条要采用T502、T506、T507标号的焊条。使用前应经300 ℃左右的温度烘烤一小时。焊前应清除焊缝处的油污、水分、氧化物等。焊接顺序是：挡绳板、滚筒及辐板的连接缝，然后再焊接制动盘。焊接要在焊缝的正反两侧对称进行，如图9.9所示。

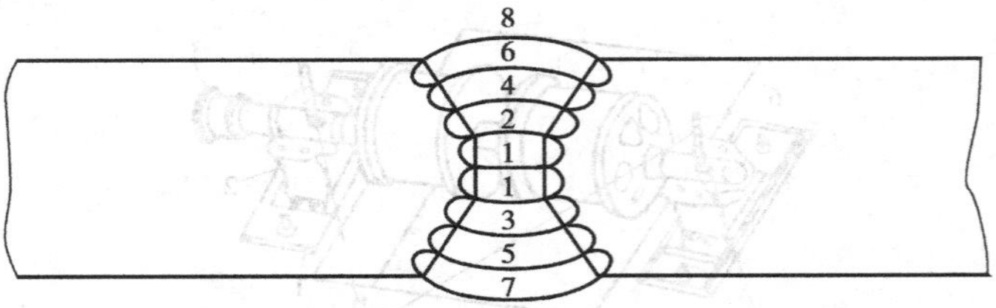

图9.9　滚筒对称焊接示意图

每层焊缝如熔宽较大，则要采用窄焊道进行焊接，不宜做较宽的左右摆动（如图9.10所示）。焊接突出的焊缝应用软轴手砂轮将其打磨平整。

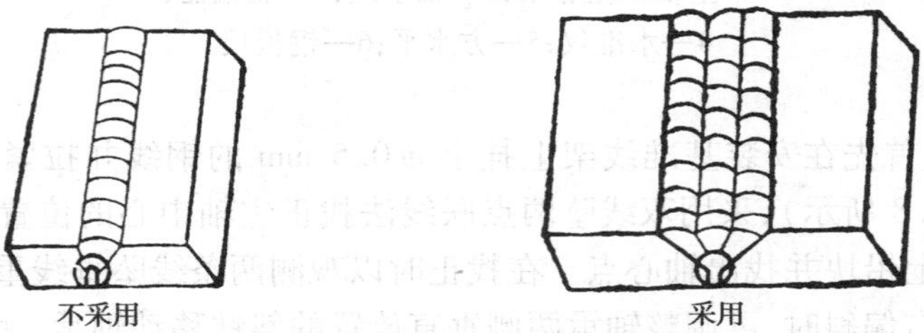

图9.10　宽窄焊道示意图

任务4　减速器的安装

一、减速器的安装

减速器经制造厂安装及调整后，整体运到现场。这类绞车所用的减速器一般采用了渐开线齿轮减速器和圆弧齿轮减速器，其安装方法都是一样的。在减速器就位前，应把基础上放垫铁的地方削平，要求如同机座的垫铁，并在预留孔中放入地脚螺栓。减速器的就位方法如同主轴装置一样，就位时下面垫上枕木，这时减速器不应压着地脚螺栓。在减速器就位后，用起重葫芦将它吊起，拆除枕木，把地脚螺栓穿入螺栓孔中，套上垫圈扣上螺帽，然后在下面放好垫铁，再慢慢将减速器放下。

减速器就位后，可进行粗调，调整基准为主轴中心线，主轴和减速器的连接大多采用了齿轮联轴器，其结构如图9.11，调整时可松开内齿圈5，并把它滑到一边。

调整方法见后面内容。粗调后对地脚螺栓进行浇灌，在混凝土保养后即可进行精调，调整

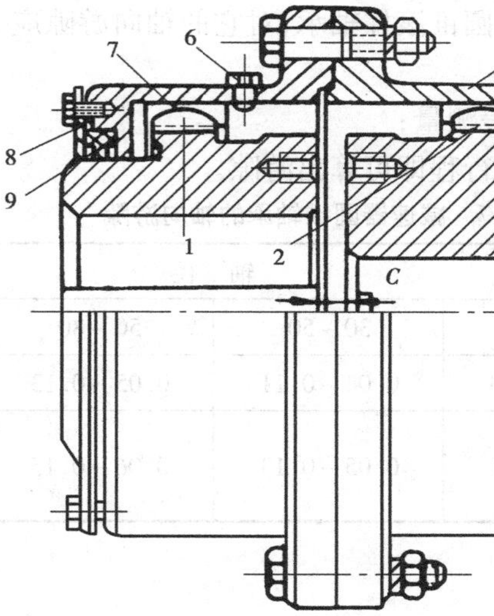

图9.11　齿轮联轴器

1,2—外齿轮;3,9—皮碗;4,8—端盖;

5,7—内齿轮;6—塞钉;C—最小端面间隙

时均匀拧紧地脚螺栓并打紧垫铁,反复调整,最后使其精度达到要求,端面间隙应符合技术文件,允差±1;同心度偏差不大于0.30;倾斜度不大于1/1 000。在精调后洗净齿轮联轴器,并加入足量的润滑脂(如用稀油润滑则不加),然后将它密封起来。最后可对减速器机座进行二次浇灌。

如果减速器上的齿轮联轴器没有装上,可以利用热装法先将它装在轴上(见图9.12)。

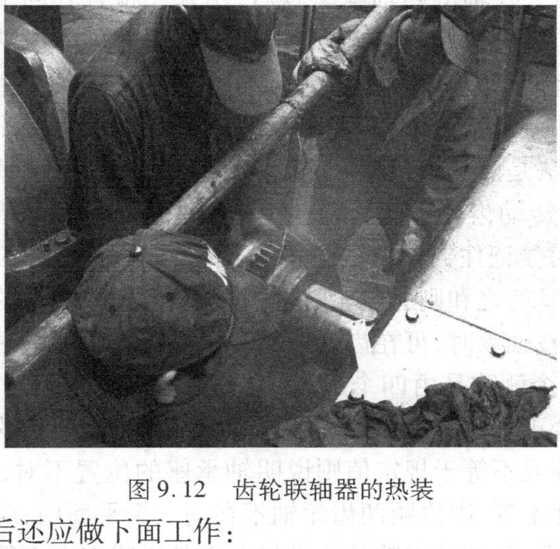

图9.12　齿轮联轴器的热装

对减速器箱体安装后还应做下面工作:

1. 做好箱内的清洁,使箱内无杂物;

2. 检查并记录齿轮啮合的接触情况及顶侧间隙;

3. 检查密封情况,转动部分的结合面油迹擦干后5分钟不见油,半小时不见滴,静止部分的结合面油迹擦干后1小时不见油。

绞车所用的减速器大部分采用圆锥滚柱轴承，对它的轴向游隙应予以检查，并符合表9.7的数值。检查方法如下：

1. 顺轴向拨动齿或轴，用千分表测量；
2. 根据调整端盖每转动一格的行程即可算出游隙。

表9.7 减速器圆锥轴承的轴向游隙

轴承系列	轴径			
	<30	30~50	50~80	80~120
轻系列	0.03~0.10	0.04~0.11	0.05~0.13	0.06~0.15
较宽、中、中宽系列	0.04~0.11	0.05~0.13	0.06~0.15	0.07~0.18

二、减速装置的安装

减速装置的安装比起减速器来说，工作量较大，它需到现场后进行安装、调整、研刮等。

这类绞车的减速装置，一般采用了两极减速，除主轴外（主轴上安装了一个大齿轮），还有一根中间轴和一根高速轴，减速装置的安装实际上就是这两根轴与轴承的安装。

安装时先把轴承清理干净，并在轴瓦上画出中心线（同主轴瓦一样），然后把轴承按装配记号装到机座上，按主轴调整的方法调整两轴的同心度及距离，调整好后拧紧固定螺栓，检查接触间隙。用水准仪或胶管水平仪、精密水平仪检查其水平度，如水平度不符合要求，可加整块的薄垫调整，这时因主轴承已定，不能再动整体机座。轴的就位方法如同主轴就位一样，就位前也需稍回松固定螺栓。在轴落到轴承里以后，用塞尺检查其四个角的侧隙（这时可用内经规测量两轴的平行度），调整好后即可拧紧固定螺栓。转动齿轮，观察齿轮啮合情况，如无卡阻跳动，便可检查其啮合侧隙及顶隙，齿轮啮合间隙的检查可采用塞尺法，压铅法和千分表法。在现场一般用塞尺法或压铅法较为简便。塞尺法可用塞尺直接测量出齿轮的顶间隙和侧间隙，但精度较差。压铅法是测量顶间隙和侧间隙最常用的方法，测量时先将铅丝沿齿廓曲线贴在二三个齿上（为防止转动齿轮滑落，可用润滑脂粘住），齿轮经慢速转动后，该铅丝被压扁，然后取出铅丝（取的时候记住铅丝放的方向），用外经千分尺或游标卡尺量得一个齿两边的最薄处的厚度，这两个厚度之和则为齿轮啮合的侧隙，两个最薄处的中间较厚部分的厚度便为顶隙。在测量间隙、调整轴承时，可在齿轮宽度方向的两端各放一根铅丝，这样可量出两个侧隙（两端的侧隙），这两个侧隙是由四个厚度组成的，在调整轴承时可根据这四个厚度来检查两轴的平行度。当啮合正确时，两端铅丝同侧的厚度应相等，两端的侧隙、顶隙应相等，并等于规定值。如两侧隙不等或不等于规定值则说明轴承座的位置不对，应调整位置。如侧隙相等而两端铅丝同侧的厚度不等，则说明两齿轮轴不在同一个平面内，应调整两轴承的水平。经过反复调整，直至达到要求，顶隙及间隙的要求值在设备说明书中查得，也根据下式计算：

$$S_{侧} = (0.04 \sim 0.08)m$$

式中 $S_{侧}$——齿侧间隙，mm；

m——齿轮模数，可按下式要求得：

齿轮啮合侧隙也可根据中心距由表9.8查得。

表9.8　齿侧间隙　　单位：mm

结合形式	轴中心距					
	320～500	>500～800	>800～1 250	>1 250～2 000	>2 000～3 150	最大侧隙
	保证侧隙					
标准的保证齿侧间隙(D_c)	0.26	0.34	0.42	0.53	0.71	保证侧隙乘1.2
较大的保证齿侧间隙(D_e)	0.53	0.67	0.85	1.06	1.40	

注：(D_c)适用于闭式齿轮传动；(D_e)适用于开式齿轮传动。

$$m = \frac{D_d}{Z+2}$$

式中　D_d——齿轮外经(顶圆直径)，mm；

Z——齿轮齿数。

$$S_{顶} = (0.15 \sim 0.3)m$$

式中　$S_{顶}$——齿顶间隙，mm。

应注意，两齿间的顶隙及侧隙如果太小，则小齿轮有被大齿轮挤开的趋向，从而引起润滑油被挤出，这样使得齿很快就会磨损，甚至损害轴承使轴变弯。齿轮在运转时如有不正常的噪声就是径向间隙过小的标志；如侧隙太大，又使两齿之间产生敲击，它也会使齿很快磨损并可能使齿折断。由此可见侧隙是保证齿轮正常运转的重要参数，在调整齿轮间隙时，应以侧隙为主要对象，而顶隙只要在规定范围内就行了(当侧间隙与顶间隙有矛盾时，应保证侧间隙)。

在齿轮的啮合间隙符合要求后，即可检查它的啮合接触面积。接触面积的检查可用涂色法和擦光法，当用涂色法时，将颜色(可用红丹油)涂在小齿轮上，用小齿轮驱动大齿轮，当大齿轮转动了3～4转后，涂色的色迹(斑点)即显示在大齿轮轮齿的工作表面上。当用擦光法时，用同样的方法转动后，再观察摩擦亮了的痕迹。

啮合接触面积的大小和位置，是表明齿轮制造和装配质量的一个重要标志。

在圆柱齿轮正确啮合时，即中心距和啮合间隙正确时，其接触面积的位置必须均匀的分布在节线的上下两边，接触面积的大小也应符合符号表9.9的数值(从机械制造来说，这里多采用8级精度)。这个数值一般也在说明书中列出。

表9.9　圆柱齿轮齿面接触要求(%)

名　称		精度等级		
		7	8	9
接触面积	沿齿高不小于	45	40	30
	沿齿宽不小于	60	50	40

注：摘自JB179—60。

在齿轮啮合的调整过程中，还应穿插研刮轴瓦的工作，研刮轴瓦的要求同主轴装置一样，刮瓦和调整同时进行才能搞好这项工作。安装好后，轴在轴承内转动时应自如、平稳、没有卡阻的现象。

如两齿轮啮合的接触位置等符合要求,而接触面积还差一点,可暂不管它,待运转时带轻负荷运转,对齿轮进行跑合或研磨。

最后按照安装主轴承的方法调整好轴与上轴瓦的顶隙,并清洗、装配、注油。其他轴的安装同上面介绍的一样,这里不再重述。

在减速装置的所有转动部分安装完后,便可固定齿轮罩。对于半开式转动(有简单的齿轮罩,有时齿轮罩可用下罩作油池润滑,但不能很好的密封),下罩一般是在主轴落下去前就放在基础坑里的,这时可放上上罩装配并固定在机座上。对于开式转动(齿轮裸露在外面,没有防尘装置),一般只加了一层防护罩,这时只需固定上防护罩即可。

三、减速器箱体的找平找正

减速器箱体的找平找正可用百分表找正法和刀尺找正法。百分表找正法如图9.13,它是用卡子,千分表架将千分表固定在联轴器半体上,观察其上、下、左、右偏差和端面跳动。

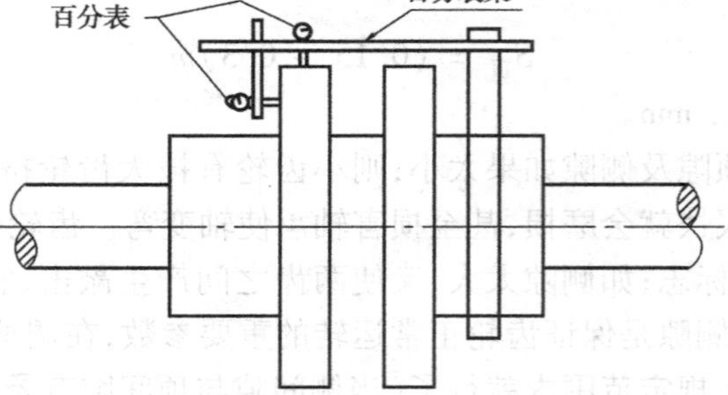

图9.13　百分表找正

为了易于准确读出千分表读数,在找正时可将千分表测杆压入一点,让他预先转动一圈左右,便能读出正负值(直径大为正值,直径小为负值)。

刀尺找正法如图9.14,这是用刀尺(或在要求不高时可用钢片尺)在每隔四分之一圆周处靠在两对轮的外圆柱面上,观察两对轮与尺子的接触情况,并用塞尺量出间隙的大小。在调整

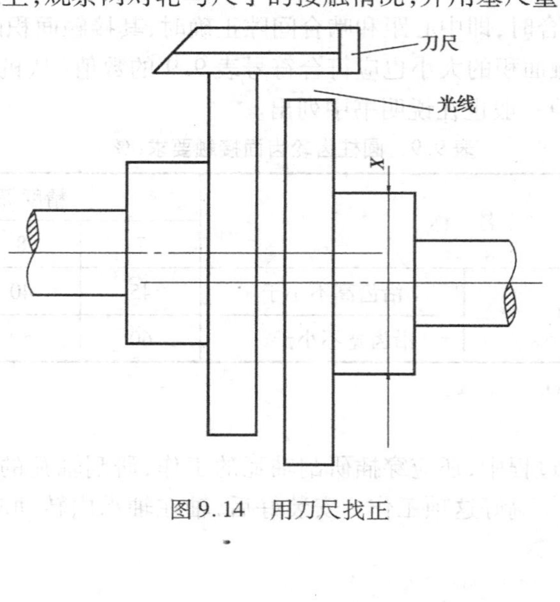

图9.14　用刀尺找正

好的情况下（如两对轮外径相等），两对轮的外圆柱面母线应与尺子紧密接触，无缝隙。在测量前还应先量出两对轮外圆的直径，根据两直径差和量出的间隙来计算两轴线偏移量，然后对它进行调整，在调整时，还应用塞尺量出两对轮的端面间隙，算出倾斜度，并加以调整。

在调整后，应达到说明书的精度要求，或者按下面的要求：同心度（偏移量）不大于0.2 mm；倾斜度不大于0.6 / 1 000；端面间隙应比轴的轴向窜量大2～3 mm。

$\frac{S-S_1}{D}$为倾斜度误差。

最后可再次浇灌混凝土（如有滑槽时注意留出固定螺栓上下时所需的空间），如是整体机座，则可与机座一起浇灌。

任务5　主电动机安装

电动机的安装和减速器差不多，电动机的固定形式有两种：一是把它用地脚螺栓固定在基础上；另一种是把它固定在滑槽上，滑槽再被地脚螺栓固定在基础上。直接固定在基础上的方法安装起来比较简便，节省了滑槽的加工，但在今后的电机调整、修理中不如有滑槽的方便。滑槽分铸造的和用型钢焊成的两种，铸造滑槽的规格、尺寸可从机械设计手册查得，焊接滑槽可用8号或10号槽钢焊成。如要用滑槽安装电动机，则在建造基础时在电动机部位就应减去滑槽占去的高度。

不用滑槽固定的电动机的就位方法同减速器完全一样。如采用滑槽固定电动机时，可先将地脚螺栓放入预留孔中，把需放垫铁的地方铲平并放上垫铁，然后在垫铁上放滑槽，将地脚螺栓穿入滑槽的螺栓孔中（为方便电动机的移动，滑槽应顺着移动方向放），把电动机吊（抬）起后移上枕木，注意在移动电动机时不要将滑槽移位，然后用起重葫芦将电动机吊起，拆去枕木，再慢慢地将它落到滑槽上。电动机落到滑槽上以后，调整它在滑槽上的位置，并让电动机在滑槽上有需要的移动余地，位置调整好，便拧紧固定螺栓，这时便可用钢片尺、塞尺量出两对轮端面间隙并用尺子靠在两对轮的外圆柱面上，调整电动机，使四周的端面间隙相近，并符合要求值，同时使尺子和两对轮的外圆柱面在不同部位都较好的接触。另外还应用水平仪检察电动机机座的横向水平。初调好后，便可浇灌地脚螺栓，经保养后便可进行精调，电动机的精确调整主要是调整联轴器的同轴度和倾斜度，调整时可采用直角尺（刀尺）找正法，这里的联轴器一般用弹性联轴器：一种是ZT型带制动轮弹性柱销联轴器（ZB109—62），另一种是弹性圈柱销联找正轴器（JB 108—60），它不带制动轮，还有就是蛇形弹簧联轴器和齿轮联轴器。

任务6　深度指示器安装

一、牌坊式深度指示器安装方法

牌坊式深度指示器的传动装置如图9.15所示。其具体安装方法和步骤讲述如下：

1. 用煤油清洗传动轴齿轮、蜗轮、蜗杆、指示箱体及丝杠等，用布擦洗干净。将传动轴连同

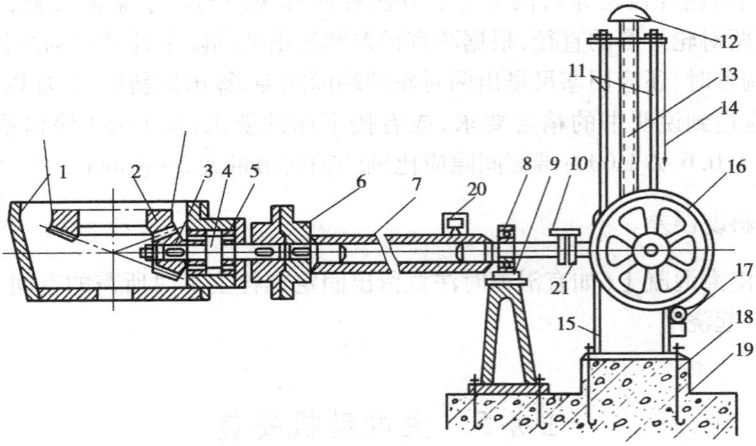

图 9.15　牌坊式深度指示器安装示意图

1—主轴支承盖;2—大伞齿轮;3—小伞齿轮;4—轴;5—单列向心轴承;
6—半联轴器;7—传动轴;8—支座轴承;9—支座;10—找正用钢板尺;
11—箱体立柱;12—铃;13—指示针升降丝杠;14—找正线坠;
15—箱体;16—限速轮;17—自整角机;18—地脚螺栓;19—基础;
20—找平用方水平尺;21—弹簧联轴器

支承座一起吊放在基础位置上,传动轴安装时,一方面以主轴大伞齿轮的啮合情况为准,另一方面用方水平尺找平传动轴的水平度。

2. 提升机主轴上固定的大伞齿轮 2 和传动轴上固定的小伞齿轮 3 应正确啮合。检查方法如下:

在小伞齿轮的齿上涂显示剂,转动主轴(往复转动两次),检查接触精度。然后,用压铅法检查两齿轮的啮合间隙,调整传动轴支座或加减支座下面的垫铁,使伞齿轮正确啮合。

3. 深度指示器箱体安装:将指示器箱体吊放在基础的垫铁平面上,以传动轴半联轴器为基准,如图 9.15 所示,用精密钢板尺(刀尺)配合塞尺的方法进行找平;找正的具体方法是在指示器的标尺边缘处,挂一个线坠,测视深度指示器的垂直度。找平找正后用水泥砂浆将箱体及传动轴支承座的地脚螺栓进行二次灌浆。

二、圆盘式深度指示器安装方法

圆盘式深度指示器的传动装置如图 9.16 所示,其安装方法如下:

1. 用煤油清洗和检查传动轴、传动齿轮、蜗轮及蜗杆,并清洗变速箱内部。然后用细砂布将传动轴与减速器被动轴连接平面处的锈擦掉。

2. 将传动轴安装在减速器从动轴的轴端上并用临时支架支承好,如图 9.16 所示。将精密方水平尺放在传动轴上,找平传动轴的水平度,调整方法是当轴不水平时,用临时支架下面所垫的斜垫铁进行调整即可。传动轴找正如图 9.16 所示,将划线盘放在轴的外端联轴器垂直平面处,盘车测量传动轴的同心度和倾斜度,当超过规定标准时,可用移动临时支架和起落临时支架进行找正。

3. 圆盘式深度指示器箱体安装:当传动轴找平找正后将指示器箱体吊放在基础的垫铁平

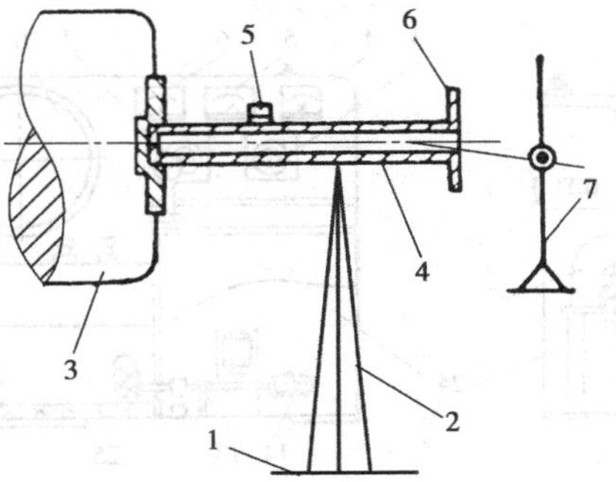

图9.16　深度指示器传动轴找正示意图
1—机房地板;2—临时支架;3—减速器从动轴;
4—传动轴;5—方水平尺;6—半联轴器;7—画针盘

面上。以传动轴半联轴器为基准,用精密小钢板尺配合塞尺,找正联轴器。两联轴器的端面间隙值为3~4 mm,同时将方水平尺放在箱体加工面上进行找平,当水平度与规定值有误差时,用对箱体下面放置的垫铁进行加高或降低的方法进行调整。

任务7　操作台安装

一、斜面操纵台的结构组成及应用

斜面操纵台如图9.17所示,有两个手把,在司机左边的叫制动手把,其作用是操纵机器进行抱闸和松闸。该手把通过转轴与下面自整角机(BD—404A)连接,此自整角机电压变化可改变电液调压装置可动线圈电流的变化。当手把拉向最后面位置时,自整角机的电压为零,此时为机器全抱闸状态。手把在角度70°范围内移动时,自整角机相应地输出一定的电压,使电液调压装置的可动线圈得到相应的电流,从而达到调节制动力矩的目的。在司机右边的手把叫操纵手把,其作用是操纵主电动机启动、停止、正反向旋转等。该手把下面通过链条与主令控制器连接,手把处在中间位置时为主电动机断电状态,手把由中间位置向前推动,主电动机正转启动。手把由最前位置拉回到中间位置,主电动机开始减速直到断电为止。当手把从中间向后拉时,主电动机又启动,但运转方向相反,手把再由最后位置推到中间位置时,提升机停机。手把由中间位置向前或向后搬动时,由于主令控制器的作用,在主电动机转子回路中减少或加入了电阻,从而达到机器加速或减速的目的。

斜面操纵台的斜面上装有两个油压表,12个信号灯及数个电流、电压表,两个油压表(一个是指示制动器油的压力,另一个指示润滑油的压力)。操纵台平面右侧装有四个主令开关,中间装四个转换开关,左右两侧还装有数个按钮。操纵台底部左侧装有一个动力制动变阻装置,供提升机动力制动用,当脚踩后踏板时,通过杠杆使行程开关LX3—11H动作,投入动力制动。底部右侧装有一个脚踏开关,当提升机在运转过程中发生异常情况,需进行紧急安全制动时只踩此开关。在操纵台斜面中间装有一个圆盘深度指示器,用来指示提升容器的位置。

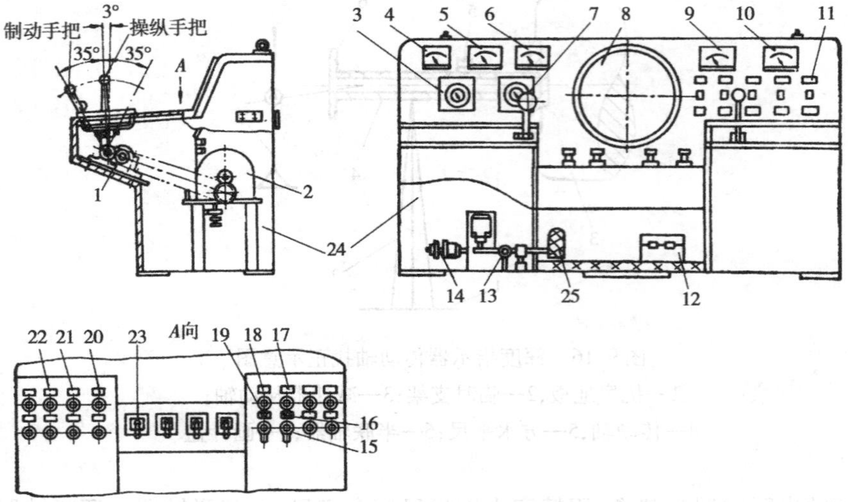

图 9.17　斜面操纵台(操纵部件及仪表)布置示意图

1—BD501A 自整角机(直流拖动用);2—主令控制器;3—润滑油压表;4—直流电流表(动力制动用);5—直流毫安表(电液调压用);6—直流电压(测速发电动机用);7—制动油压表;8—圆盘指示器;9—交流电流表(主电动机);10—交流电压表(主电机);11—各按钮开关;12—脚踏开关(安全制动);13—动力制动变阻装置;14—BD404A 自整角机;15—主令开关;16—安全回路指示;17—控制电源指示;18—五通阀指示;19—四通阀指示;20—润滑油泵指示;21—制动油泵指示;22—动力制动指示;23—过卷恢复;24—箱体;25—动力制动用脚踏板

二、斜面操纵台的安装

1. 清洗检查调整部件

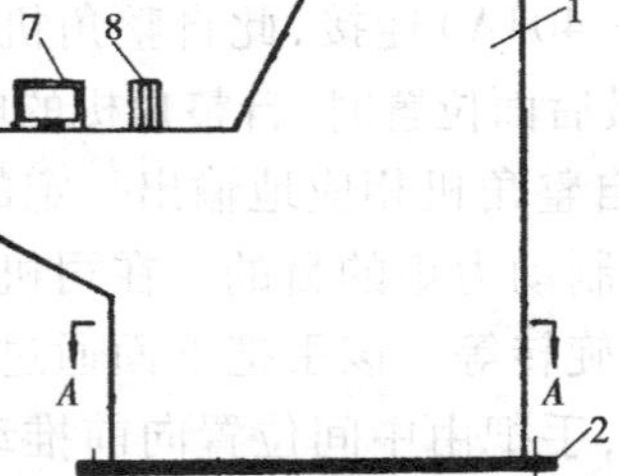

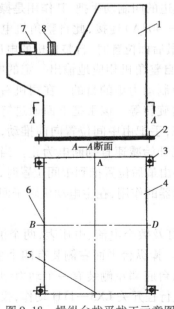

图 9.18　操纵台找平找正示意图

1—箱体;2,3—地脚螺栓底板;4—箱体底座;5—横向找正点(A,C);6—纵向找正点(B,D);7,8—找平用水平尺

操纵台上装有的开关、仪表、深度指示盘等,安装时都要进行校对检查。机械仪表送到专门量具仪表检查单位进行校对、检查、调试(最后由检查单位出合格证)。电气仪表等由专门的电气试验组进行调试(最后出示检查证书)。各种仪表校对检查调试后,应装在操纵台原位置处,不允许锤击或震动,以保持仪表的灵敏可靠。

2. 操纵台吊装

经检查后的操纵台由起重工选用合适的起重工具将其吊放在司机台基础的垫铁平面上。吊装时一定要注意轻拿轻放,不能震动,以防仪表失灵(仪表检查、调试工作放在吊装后进行亦可)。

3. 操纵台找平

如图 9.18 所示,在箱体的平面处放两块普通水平尺进行找平。方水平尺 7 测量操纵台纵向水平度，方水平尺8测量操纵台横向水平度。如不平时，可用加减箱底下面的斜垫铁进行调整。

4.操纵台找正

如图9.18所示，在箱底座纵横十字中心线上分别找 A、B、C、D 四个点，按操纵台基础平面上弹好的十字基准墨线进行找正。如箱体位置不正，可移动箱体进行调整，直到合适时为止。

操纵台找平找正完毕，进行二次灌浆，经养护后，可进行压力表油管及各种电缆的连接。

任务8　润滑油站、测速发电机安装

一、润滑油站的安装

1.润滑系统的组成及应用

矿井提升机的减速器及各部轴承的润滑油，均由润滑油站集中供给。其系统图如9.19所

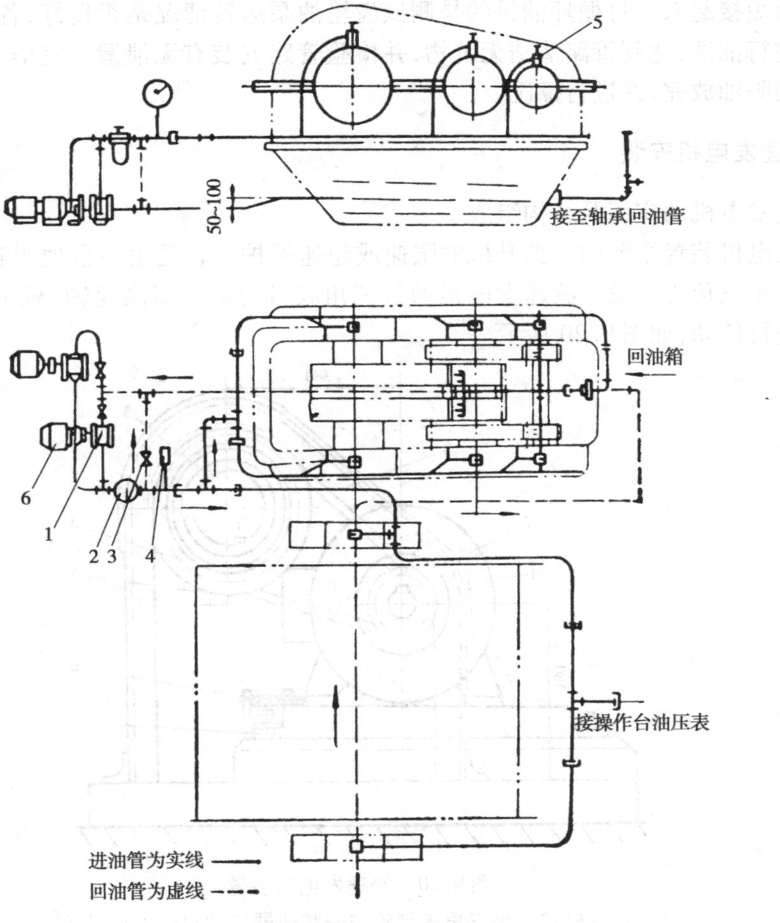

图9.19　润滑系统示意图

1—油泵；2—过滤器；3—旋塞阀；4—电接点压力表；5—供油指示器；6—油泵电动机

示。油站设有两套齿轮油泵装置，一套为备用，一套正常运转。过滤器应定期清洗（每三个月清洗一次），以保证润滑油的洁净。减速器内部设有压力油喷嘴，专门润滑齿轮工作面。喷嘴安装前必须认真检查，如发现喷口过大或过小要进行处理，以确保齿轮工作面有足够的供油量。在泵站装置中设有旋塞阀，当油压过高或油泵发生震动及响声时，可调整旋塞 3 进行溢流，使油泵正常运转。

2. 润滑油站安装

安装位置在减速器侧的基础坑内，安装标高尺寸，按减速器箱体的供油管中心水平下降 50 ~ 100 mm 为油泵吸油口中心水平。油管安装按油泵与减速箱的距离尺寸（或按施工图纸尺寸）进行安装。主轴承及减速器轴承上供油指示器的供油量，一般调到油柱在 $\phi 2 \sim 3$ mm 即可。

3. 打循环油

当润滑油泵站、管路及附件安装完毕后，要打循环油。具体做法是使两台齿轮油泵分别连续运转 8 小时。在打循环油时，油管、供油指示器、减速器齿轮、润滑油喷嘴等都要畅通，否则要进行处理。在打循环油时为了防止脏油进入各轴承中，事先应将各供油指示器连接管活接头用临时管短接起来。打循环油目的是测试齿轮油泵运转情况是否良好，各部油管通过打循环压力油进行油洗，达到管路清洁无脏物，并检验管路安装有无泄漏。完毕后，要将减速器箱体油池中的脏油放完，并进行擦洗。

二、测速发电机安装

1. 测速发电机的应用及结构组成

测速发电机装置主要用于提升机的限速或超速保护。它是由一台他激直流发电机组成，其轴上装有小三角皮带轮。测速发电机通过三角胶带与减速器高速轴（输入轴）的三角皮带轮相连接进行传动，如图 9.20 所示。

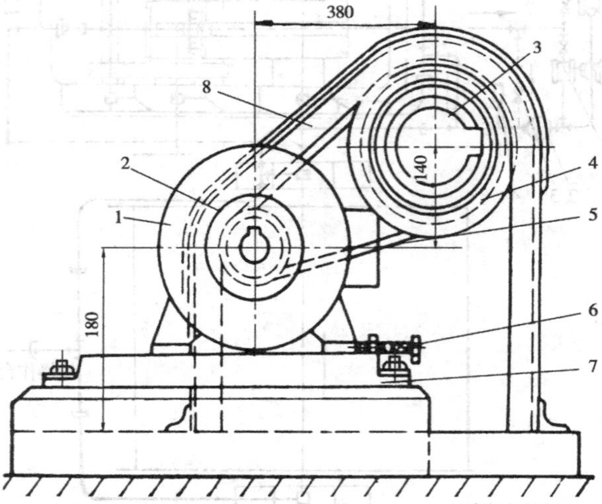

图 9.20　测速发电机装置

1—发电机；2—小三角皮带轮；3—减速器三轴；4—大皮带轮；5—三角皮带；6—调整螺钉；7—导轨；8—保护罩

2. 测速发电机安装

以减速器三轴(输入轴)的轴心水平为基准标高,以三轴的中心线为基准线,按各尺寸距离,找平找正测速发电机。

任务9　制动盘及滚筒衬木槽的车削

一、制动盘(简称闸盘)的车削

根据用途、结构及装运条件,有时制动盘需要在安装现场进行加工。在现场加工的制动盘一般制造厂只进行粗加工,厚度上留有6 mm左右的加工余量。对制动盘的加工精度要求较高(表面粗糙度不大于$\overset{3.2}{\bigtriangledown}$,端面跳动不大于0.5 mm),下面介绍其加工方法:

1. 加工设备的选择

选用何种装置加工,可由现场具体情况决定。一般有两种加工方法:第一种方法是,在提升机安装完毕、二次灌浆后,利用微拖动装置带动滚筒进行制动盘车削;第二种方法是不设微拖动装置时,可采用矿用11型刮板运输机的减速器和电动机,将其放在一个特制的机座上,其具体布置如图9.21所示。在刮板运输机的减速器传动轴上装一个B型三角皮带轮,用三角带与提升机主减速器高速轴(测速发电机端)上的三角皮带轮相连接,使主轴转动,并满足切削速度0.4~0.5 m/s,滚筒3~4 r/min的要求。制动盘加工用的车床是特制的专用机床,安装在制动器的基础上,按车削制动盘要求的尺寸,将车床找平找正,拧紧地脚螺栓。加工用的刀杆及刀头的截面宜大,以满足走刀行程平稳以及刚度的要求。

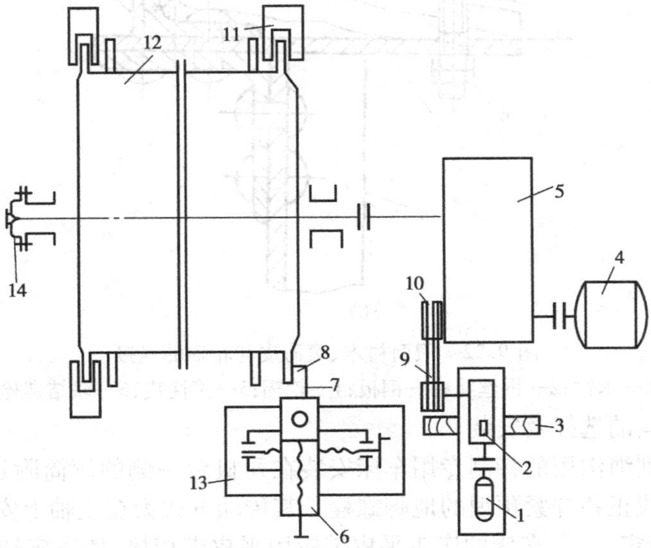

图9.21　制动盘加工示意图

1—减速器电机;2—减速器;3—枕木;4—主电动机;5—主减速器;6—刀架;7—刀杆;8—刀头;9—三角皮带;10—皮带轮;11—盘形闸;12—滚筒;13—固定架铁板;14—活顶尖固定架

2. 制动盘车削及磨削

制动盘车削时，开动矿用11型刮板输送机电机，带动提升机主轴转动。此时将车床上的刀杆装好，用拖板架上的手摇把将刀头对好制动盘，进行走刀车削。车削的粗糙度大于$\overset{3.2}{\bigtriangledown}$时，要进行磨削，磨削的装置可采用专用的磨削动力头或自制的磨头安装在小拖板上进行。

3. 加工活动滚筒制动盘时，为防止活动滚筒的轴向窜动，应事先将滚筒的右挡绳板与固定滚筒的左挡绳板之间，用4～6个角铁沿圆周方向的临时点焊在一起，待制动盘加工完毕后铲掉。加工时为防止主轴的轴向窜动（产生车刀刀尖扎进闸盘的事故），应采用如图9.20所示的在主轴左端的轴承圆周孔上连接一个活顶尖架的方法，使主轴始终压向右侧。

二、滚筒衬木敷设及车削绳沟

1. 滚筒衬木的敷设

滚筒衬木采用强度高、韧性大的木材（如水曲柳、柞木、榆木等）。按施工图纸尺寸加工成长条方木（每块方木宽度为150～200 mm，长度为滚筒的宽度，厚度为钢丝绳直径的两倍）。敷设时先把长方木按滚筒外圆刨成弧面，使衬木与滚筒外皮之间能紧密贴合。然后按滚筒皮上的孔距和孔径打记号，随之取下来进行钻孔、扩孔，扩孔深度为孔深的一半，孔加工后从一端开始在每块长方木的两端各拧入一个平头螺栓（如图9.22所示）。依次将所有衬木固定在滚筒上，在固定衬木时必须互相挤紧，最后用木塞沾上胶水将螺孔外端堵平。

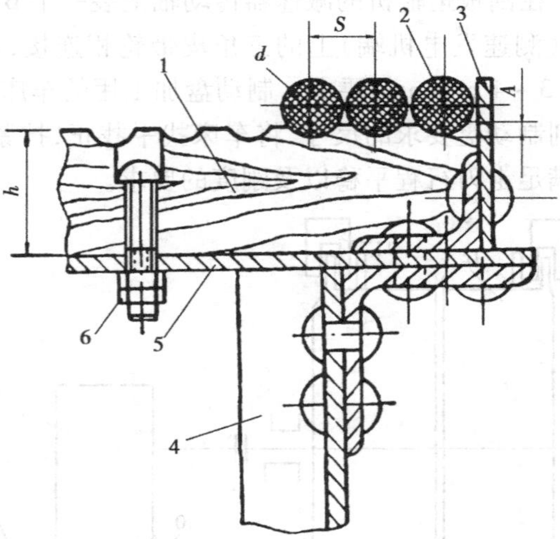

图9.22　滚筒衬木、滚筒皮与轮辐的连接

1—木衬；2—钢丝绳；3—钢板；4—轮辐；5—滚筒皮；6—联结螺栓

2. 衬木车削工具的选择及安装

将车衬木及车削绳沟用的特制专用车床安装在司机台一侧的滚筒附近，按需用位置的尺寸对车床进行找平找正并拧紧预埋的地脚螺栓。其传动方式为在主轴上安装一个开式皮带轮（轮径按需要尺寸而定）。与车床的床头平皮带轮用平皮带相接，使车床转动。床头的皮带轮与走刀传动丝扛用齿轮传动，齿轮组间的传动比要按需要的速度进行换算来决定。当主轴旋转时车床通过齿轮传动丝扛随之转动，大刀架的纵向行走由丝扛的开式螺母的离合进行控制，小刀架的横向行走由手摇轮进行控制。车削时按工序更换衬木车削刀具、衬木划绳沟刀具、车

绳沟刀具等，其样式如图9.23、9.24 所示（刀具直径按绳径决定）。

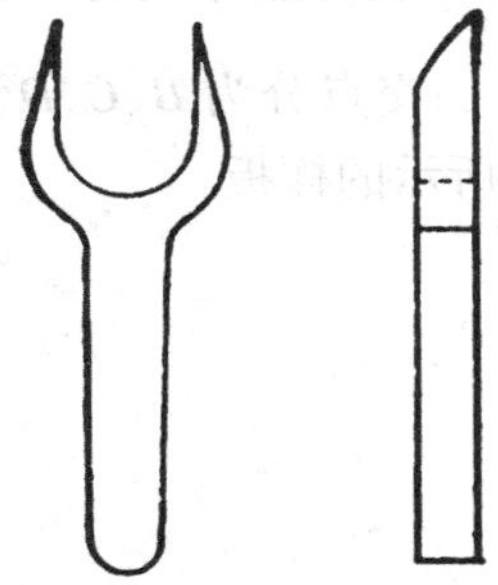

图9.23　刻螺旋线专用刀具式样

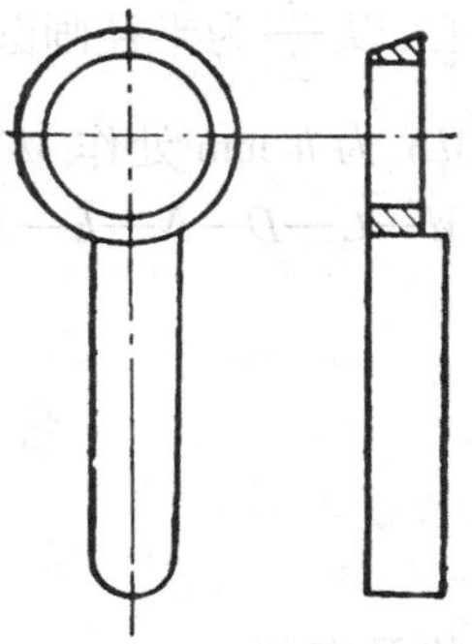

图9.24　车绳槽沟专用刀具式样

3. 衬木绳沟车削

在车床刀架上装好尖刀即可对滚筒衬木进行车削光面工作。接着进行绳沟划线及车削，其具体方法是用如图9.22的专用刀具，在车削过的衬木光面上，以滚筒出绳孔处沿滚筒圆周划成绳沟螺旋线，然后用如图9.23的专用刀具按已划出的螺旋线进行绳沟的车削。绳沟车削尺寸可按图9.22所示，其中A为深度，S为两绳径中心距（即螺距），d为绳径。在车削时为了控制尺寸，要用特制的样板进行检查。

4. 绳沟车削及检查样板的制作

1）当制作一个钢丝绳直径为30 mm的检查样板时，其各部尺寸计算如下：

（1）钢丝绳直径为d（mm）；

（2）样板的绳沟车削深度为$h=(0.25\sim0.3)d$；

（3）样板两绳槽的中心距为$S=d+(2\sim3)$ mm。

2）样板的画法和做法：在一块100×50×2的薄铁板上（如图9.25所示），先画出左侧十

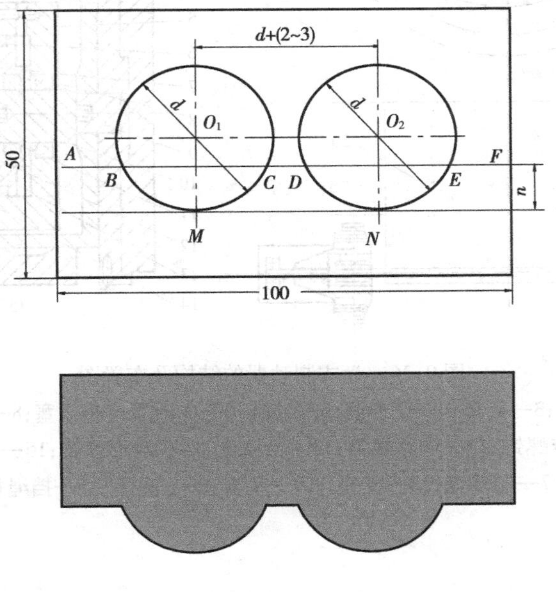

图9.25　车削ϕ30 mm绳沟检查样板画法示意图

字线，设中心点为 O_1。以 O_1 为圆心，S 为半径画弧交右侧十字水平线于 O_2 点，分别以 O_1 和 O_2 点为圆心，以 $\frac{d}{2}$ 为半径画圆。作圆 O_1 和 O_2 的水平公共切线 MN，设切点分别为 M、N。在距离直线 MN 为 h mm 处作 MN 的平行线，该平行线与圆 O_1 和 O_2 的交点分为 B、C、D、E。沿着 $A—B—M—C—D—N—E—F$ 方向，用剪刀剪切，即得到图 4.36 所示的样板。

任务 10　盘形制动器的安装

一、结构及布置

盘形制动器简称盘形闸是矿井提升机制动系统的重要部件，它与一般常见的工作闸不同，其制动力是轴向作用在制动盘的两个平面上。结构布置如图 9.25 所示。

每一副制动器包括两个制动缸，使用时视所需制动力大小可使用 2、4、6、8 副。图 9.26 所示为 JK 型提升机的两副制动器时的布置形式。当使用四副或六副时，均采用对称于主轴心的径向布置方式。

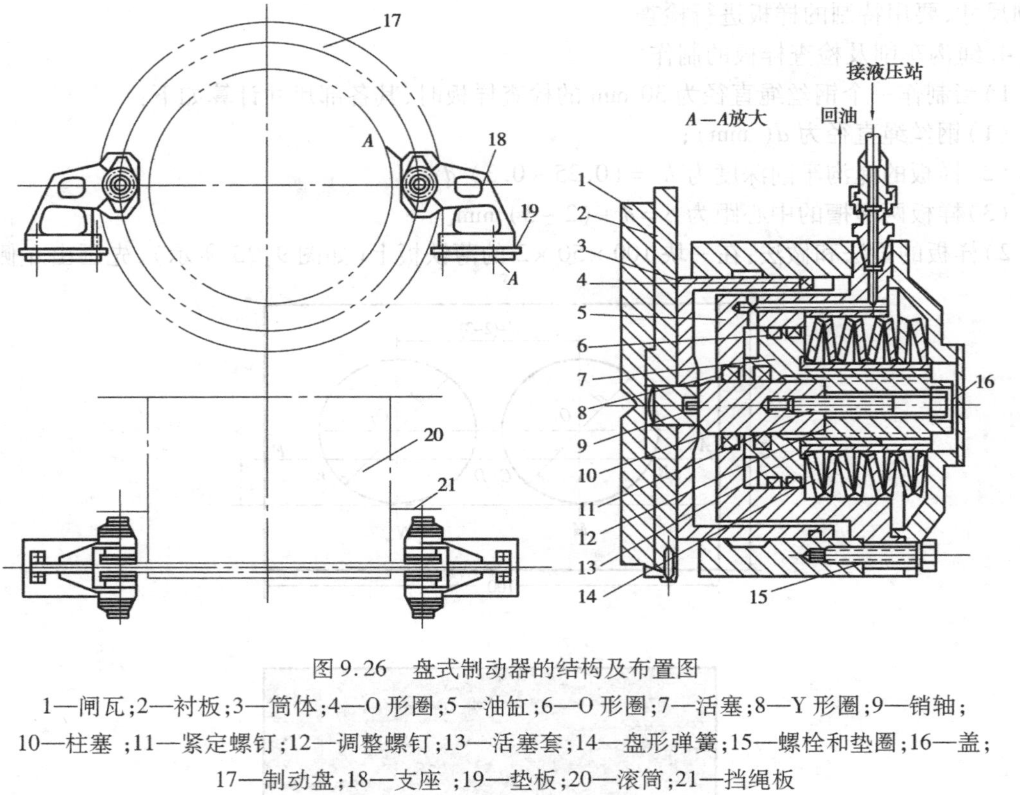

图 9.26　盘式制动器的结构及布置图

1—闸瓦；2—衬板；3—筒体；4—O 形圈；5—油缸；6—O 形圈；7—活塞；8—Y 形圈；9—销轴；10—柱塞；11—紧定螺钉；12—调整螺钉；13—活塞套；14—盘形弹簧；15—螺栓和垫圈；16—盖；17—制动盘；18—支座；19—垫板；20—滚筒；21—挡绳板

二、工作原理

盘式制动器的工作原理是用油压松闸，以弹簧力制动。如图 9.26 所示，当压力油进入活塞 7 的前腔时，通过活塞压缩碟形弹簧 14，使调整螺钉 12 带动紧定螺钉 11 及柱塞 10 随活塞一起右移，从而带动筒体 3 及闸瓦 1 一起向右移，形成松闸。当油压下降时，在碟形弹簧作用下，使活塞、调整螺钉和柱塞推动筒体，使闸瓦向左移动，达到制动目的。当闸瓦与闸轮接触时，活塞同时受弹簧的作用力 F_2 和制动油的压力 F_1 的作用，其合力为 $N=F_2-F_1$。当油压 $P=0$ 时，即 $F_1=0$，$N=N_{max}=F_2$，此时为全制动状态。

当油压 $P=P_{max}$，$F_1>F_2$ 时，闸瓦间隙大于零，为松闸状态。当油压为某一 P' 值时，使 $F_1=F_2$，此时闸瓦间隙为零，无制动力。当油压在 P' 与 0 之间变化时，F_2 不变（基本不变或变化不大），而 F_1 变化，从而改变 N 值，达到了调节制动力的目的。

三、盘形闸安装

1. 安装前要对盘形闸的各部件进行清洗，同时检查“O”形密封圈有无损伤（如有损伤要更换）。在装配时不能用力敲击，以免剪断密封圈。随后再调整螺钉，使两个筒体的伸出距离相等。

2. 盘形闸机体的吊放

将盘形闸机体吊放在基础的垫铁平面上，然后将平垫铁及斜垫铁摆正、摆好，并穿上地脚螺栓初步拧紧。

3. 盘形闸标高的确定

盘形闸油缸的中心水平，应与主轴的轴心实际标高相一致。如图 9.27 所示，先找出轴心水平线（延长到制动盘两侧面），而后用划针划出闸盘，摩擦圆与轴心水平线的交点，再过此交点作轴心水平线的垂线。标高的测量方法如图 9.27 所示具体做法如下：

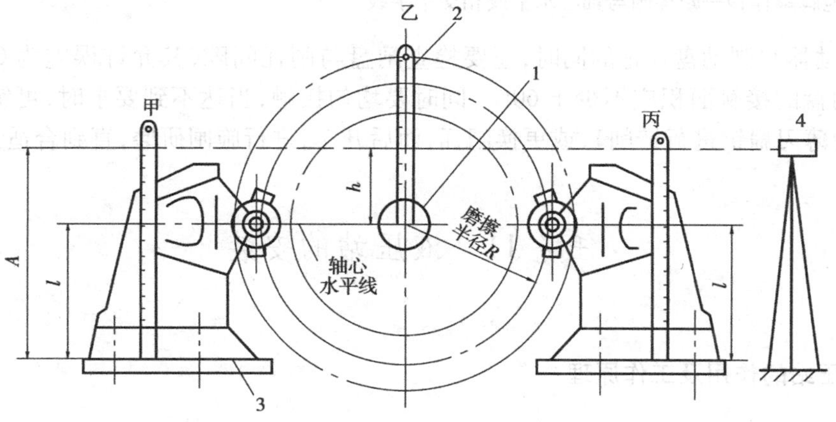

图 9.27　盘形闸与主轴标高的测定

1—主轴；2—制动闸盘；3—闸座；4—水准仪

（1）在主轴中心点处，设置一个钢板尺，用水准仪测出 h 读数。然后在闸座上平面处，各放置一组钢板尺测出 A 读数。当：

$A-l>h$——闸座低应垫高；

$A-l<h$——闸座高应下落。

(2)闸座找平时用起落闸座下面所垫的斜垫铁进行调整。

4. 盘形闸找正

(1)制动器与制动盘侧面找正如图9.28所示,绕过主轴1下放两根垂直线坠,用钢尺测量H_1和H_2的水平距离。以线坠a_1到A_1的H_1段距离和线坠a_2至A_2的H_2段的距离相等为准。安装前按闸座地脚螺栓孔的中心画出A_1和A_2粗调基准线,进行粗调。精调时应以摩擦圆与轴心水平线相交的十字线为基准,进行调整(如图9.28所示),其允差为0.5 mm。

(2)制动器与制动盘的正面找正如图9.29所示,在制动盘两侧平面与制动器筒体内侧加工面间用内径卡钳测量H_1,H_2,H_3,H_4的水平距离应相等,如不相等时应用位移支架进行调整。制动器筒体端面与制动盘平面的不平行度不应超过0.2 mm。

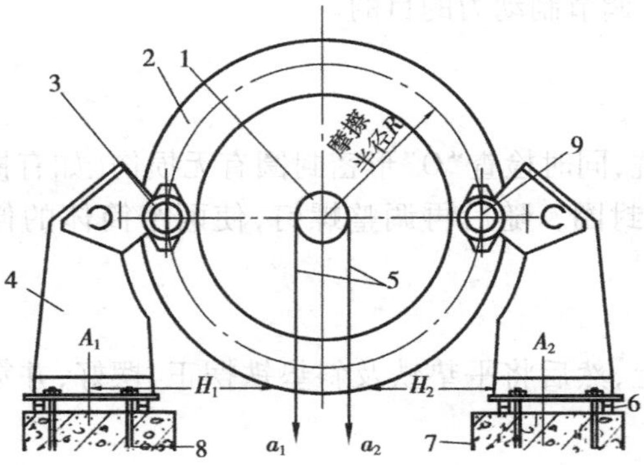

图9.28　制动器同制动盘找正示意图
1—主轴;2—制动盘;3—制动器筒体;4—支架;
5—线坠(a_1、a_2);6—垫铁;7—闸座基础;
8—地脚螺栓;9—摩擦圆与轴心水平线相交十字线

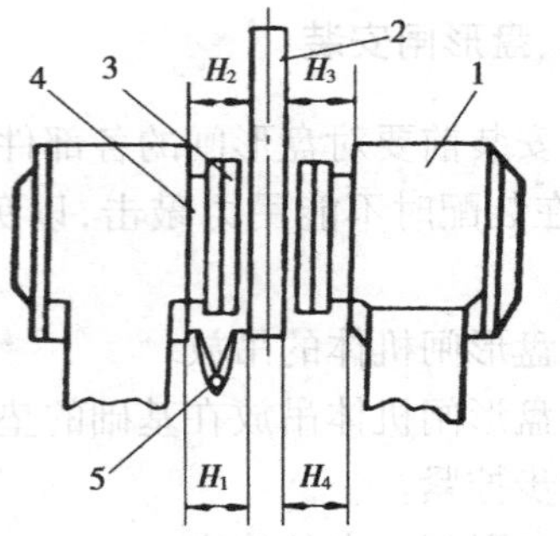

图9.29　制动器及制动盘找正示意图(正面)
1—支架;2—制动盘;3—闸瓦;
4—筒体;5—找正内卡钳

(3)制动器与制动盘找正的同时,还要检查闸盘与闸瓦间隙,其允许误差为0.5~1 mm。闸瓦与制动盘的接触面积应不少于60%,同时要均匀接触,当达不到要求时,可铲磨闸瓦(用专用特制的薄刃扁铲进行铲削),或更换闸瓦,而后开车,进行施闸研磨,直到合适为止。

任务11　液压站的安装

一、液压站的作用及工作原理

1. 液压站主要用于控制盘形制动器,其具体作用如下:

(1)在提升机正常工作时,产生工作制动所需的油压,使盘形制动器产生所需的制动力矩。

(2)当提升机工作异常时,能迅速回油,产生安全制动。

(3)控制双筒提升机的调绳装置(离合器)。

2. 液压站工作原理

以 JK 型双滚筒提升机为例进行说明(图 9.30 所示)

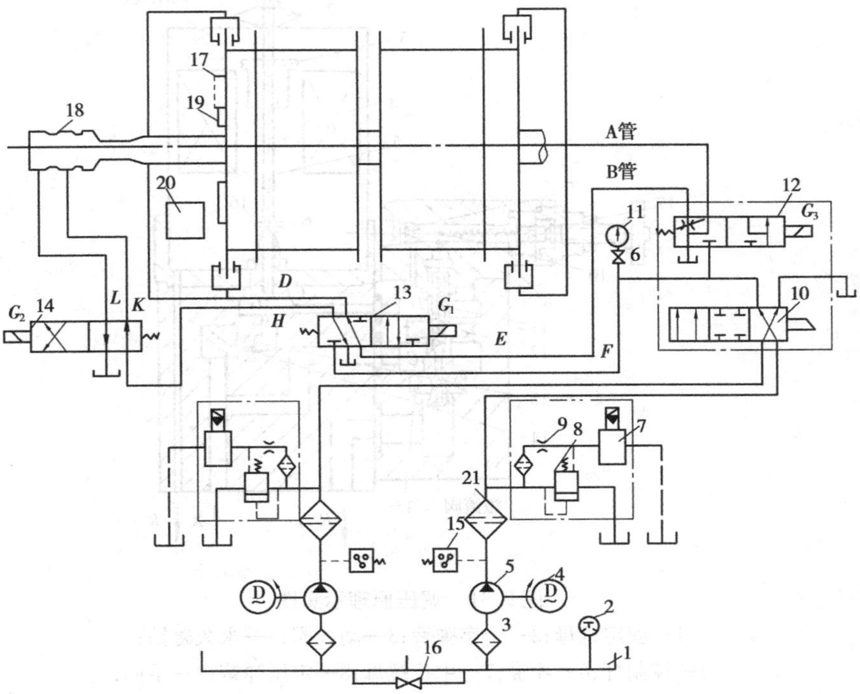

图 9.30　JK 型双筒提升机液压站原理图

1—油箱;2—电接点压力温度计;3—网式滤油器;4—电动机;5—叶片泵;
6—压力表开关;7—电液调压装置;8—溢流阀;9—调压节流孔;10—手动换向阀;
11—压力表;12—二级制动阀;13—二位五通阀;14—二位四通阀;15—压力继电器;
16—旋塞;17—调绳油缸;18—密封头;19—联锁阀;20—调绳联锁装置;21—滤油器

(1)工作制动力矩的调节原理

工作制动力矩的调节是通过液压站的电液调压装置 7 控制溢流阀 8 的溢流压力,以改变盘形制动器油缸内的油压来实现的。溢流阀和电液调压装置的调压原理(如图 9.31 和图 9.32)如下:

a. 定压:通过调整溢流阀定压弹簧 8 的压紧程度,可以确定所需最大工作油压 P_x。

b. 调压:通过溢流阀与电液调压装置的喷嘴 6 和挡板 16 的联合作用,可使工作油压在 P_x 范围内变化。喷嘴与挡板间距愈大,G 腔压力愈低、距离愈小则压力愈高。当需调整制动油缸油压时,可操纵制动手柄(或经自控系统)通过改变输入动线圈 3 中的直流电流来改变喷嘴与挡板间的距离。如距离加大,则 G 腔压力降低,D 腔压力随之下降。此时由于 C 腔尚处于较大压力下,故滑阀 12 上升,使进口油路 K 与回油路 R 连通,降低进油路油压,增加制动力。一旦 K 处油压降低,C 腔油压亦降低,滑阀 12 在弹簧 11 的作用下又向下运动,直到把 K 通向 R 的孔道完全封闭为止,此时又重新处于新的平衡状态。综上所述,工作制动调压原理和过程如图 9.31 所示。

(2) 安全制动

在提升机正常工作时,二级制动阀 12(图 9.30)的电磁铁 G_3 通电,其滑阀处于最低位置,

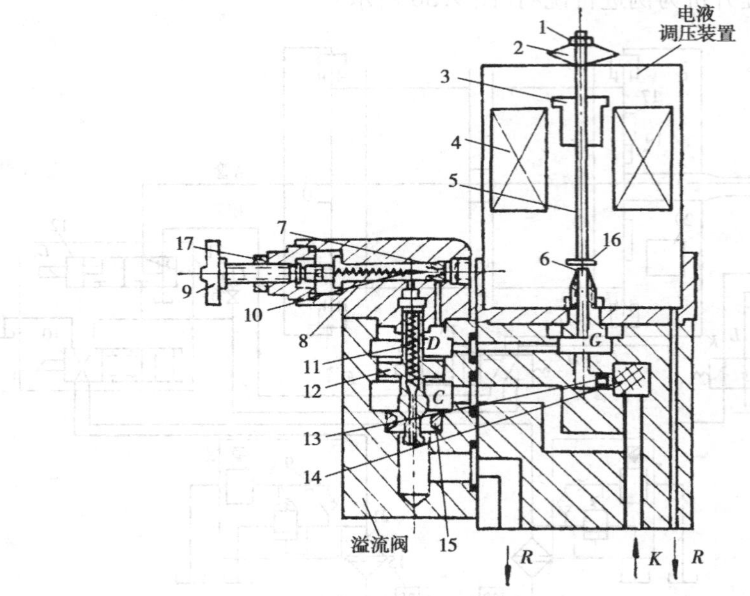

图 9.31　调压原理示意图

1—固定螺母;2—十字弹簧;3—动线圈;4—永久磁铁;
5—控制杆;6—喷嘴;7—中孔螺母;8—定压弹簧;9—手柄;
10—圆锥体;11—辅助弹簧;12—滑阀;13—节流孔;
14—滤芯;15—双体锥套;16—挡板;17—背帽

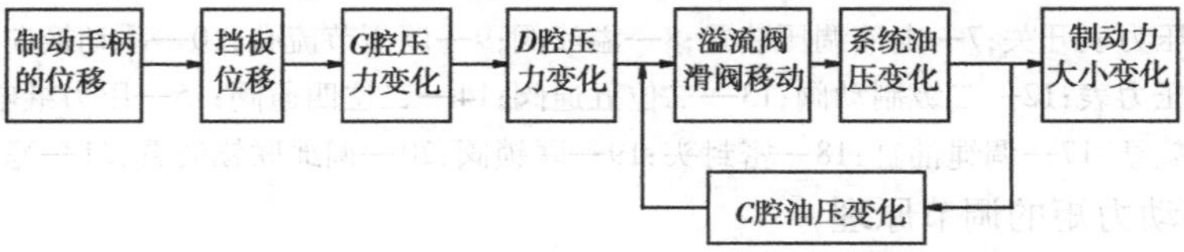

图 9.32　工作制动调压原理和过程方框图

压力油经二级制动阀,通过 A 管和 B 管进入各制动油缸。当发生事故时,电气保护回路中任意保护接点打开,电磁铁 G_3 断电,滑阀处于最上面位置,切断压力油通路,并使制动缸中的油经 A 管和 B 管,通过二级制动阀流回油箱,制动器抱闸产生安全制动。由于油路 B 到油箱间需经过二级制动阀的节流孔,故回油速度较慢,因此死滚筒的制动器先产生制动力(为总制动力的一半),活滚筒的制动器后产生制动力,二者叠加形成二级制动。调整节流杆的位置,可改变活滚筒制动器产生制动力的速度。

当欲解除制动时,可令二级制动阀的电磁铁通电,A,B 管同时与供油管路接通。为确保安全,在电气保护回路中设联锁接点,使得只有将制动手柄处于工作制动位置时,才能使二级制动阀的电磁铁通电。

3. 调绳装置

在双滚筒提升机中,设有调绳装置,它的用途是使活滚筒与主轴分离或联接,以便更换水平、调节绳长或更换钢丝绳时,使两个滚筒产生相对运动。

对调绳装置的要求是:在尺寸不大的条件下能够承担加在滚筒上的静力和动力;调绳装置的结构应当允许活滚筒与主轴迅速而又容易地分离或联接;为了能精细地调节绳长,滚筒所允许的最小相对转动数值愈小愈好,一般在钢丝绳缠绕圆周上不应超过150~200 mm,当然,相对转角越小就会使调绳装置构造愈加复杂。此外为了使调绳装置能快速动作,必须对调绳装置进行远距离操纵。

二、液压站安装

液压站箱体是由铁板焊成的,在箱体中分上下两部分,中间用铁板隔开,下部为储油箱,上部安装叶片泵、电动机、电液调压装置、五通阀、四通阀、减压阀、油管等。液压站安装程序如下:

1. 设备部件清洗

清洗检查装在箱体上部的叶片泵、电液调压装置、安全阀、滤油器等,同时清除箱体下部储油池中的脏物。

2. 标高的确定

标高的确定以二级制动安全阀的回油管口为准。B点(如图9.30所示)要高出盘形制动器油缸中心水平线80 mm。是为了在安全制动时,防止压力油回完,造成集聚空气而延迟松闸时间。

3. 液压站的吊装

当标高确定后在基础上放置好垫铁,而后用适当的起重工具将液压站箱体吊放在垫铁平面上。

4. 液压站箱体找平

以安装好的盘形制动器的油缸中心点为基准,用水准仪测量箱体上的点B,使B点标高高出油缸中心点80 mm为宜。箱体自身水平可用普通水平尺放在箱体加工面上进行找平。水平调整可用箱体下面放置的斜垫铁进行调整。

5. 液压站箱体找正

按施工图的设计位置,在提升中心线上垂下两组线坠,对准箱体的纵向中心点进行找正。可用位移箱体的方法,调整到要求位置为止。

6. 油管安装

当箱体二次灌浆养护后,可按图安装压力油管和回油管路(油管要事先进行酸洗)。

任务12　设备调试

一、液压站的调试

以2JK—3/11.5型提升机为例,液压站调试时需用的最大工作油压值P_x为6 MPa。此油压值暂作为液压站调试用,在提升机负荷试车后可按安全制动减速度的要求确定。按初步确定的最大工作油压值P_x(6 MPa),进行定压和残压调整,其具体调整方法及步骤如下:

1. 最大工作油压值P_x的定压方法

(1)将安全阀上的电磁铁断电;

(2)将溢流阀上部手柄拧松;

(3)启动油泵电动机(应注意旋转方向);

(4)用手将电液调压装置中的控制杆向下轻按使其与喷嘴紧紧贴上,此时慢慢向前拧动溢流阀手柄,直到压力表上油压升到 $P_x+0.5$ MPa 的油压值为止。接着调整压力继电器,使压力继电器开关动作,油泵电动机断电停转。随之将溢流阀的手把往回拧动,当油压退回到 P_x 值(6 MPa)时将手柄用背帽锁紧。

2. 残压的调整

(1)电液调压装置的动线圈不要通电;

(2)用手将控制杆轻轻上提,直到压力表停在某一压力不再下降,此压力称之为“残压”。要求残压不大于 0.5 MPa,然后将控制杆慢慢下放,可用拧松十字弹簧上端的螺母来实现,当压力表的压力开始上升时用螺母将控制杆固定在十字弹簧上。

(3)当残压太大时,可适当减小节流孔的孔径,或检查节流孔的连接螺纹处有无松动漏油现象。

3. 将直流电源通入电液调压装置上的可动线圈并检查方向。通电时线圈应向下移动,否则应将电线接头调换。

4. 使直流电流不断增加,直到压力表显示出 P_x 值为 6 MPa 为止。此时最大电流不应大于 250 mA,如果在最大电流时还达不到 P_x 值(6 MPa),应做以下检查:

(1)控制杆是否已将喷头孔盖严;

(2)电液调压装置 D 腔和 G 腔是否漏油;

(3)溢流阀连接密封处是否漏油。

5. 将所需直流电 I_x 值记下,作为调整操纵台制动手把的依据。即制动手把从全制动位置 $I_x=0$ 推到全松闸位置,I_x 为最大值。

6. 将油泵电机断电,若安全阀电磁铁通电后压不下去,或压下后发出嗡嗡的响声,就应将安全阀下部的弹簧松一些;若电磁铁断电后不能迅速升起衔铁,应将弹簧拧紧一些。

7. 二级制动特性的调整是利用安全阀上的节流杆,节流杆愈往上移,二级制动速度愈快。如果不要二级制动,可将节流杆拧到最上端。

8. 将电接点压力温度计的上限触点调在 65 ℃。

二、盘形制动器的调试

1. 闸瓦返回用的两个圆柱弹簧调整到在松闸时能达到迅速拉回闸瓦即可,弹簧预压力不宜调得过大,以免影响制动力矩,甚至会发生当闸瓦磨损到一定尺寸后,在制动时,圆柱弹簧全部压死,丧失全部制动力矩的情况,因此在安装、检修或更换闸瓦而需调整闸瓦间隙时,必须相应地调整两个圆柱弹簧。

2. 闸瓦磨损开关应调到闸瓦磨损后间隙达到 2 mm 时,开关动作,发出信号通知司机(在负荷试车前调整)。

3. 液压站和斜面操纵台与电控进行联合调试,应达到如下的要求:

(1)制动手把在全抱闸位置时,斜面操纵台上的毫安表读数应接近零。制动油压力表残压 $P\leqslant 0.5$ MPa。

(2)制动手把在全松闸位置时,记录毫安表电流值 I_{mA1},制动油缸应为最大工作油压值 P_x。

(3)制动手把在中间位置时,毫安表读数应近似为$\frac{I_{mA1}}{2}$,而油压值应近似为$\frac{P_x}{2}$。

根据 I_{mA1} 调整控制屏上的电阻,保证自整角机转角为手把全行程,要尽量减少手把空行程。

(4)测定制动特性曲线,应近似为直线,即电流和油压应近似为正比关系。方法为:将制动手把由全抱闸位置到全松闸位置分若干等距级数(一般可分15级左右),手把每推动一级,记录毫安表电流值和油压值,手把从全制动位置逐级推到全松闸位置和手把由全松闸位置逐级拉回到全制动位置,各做三次。将记录的电流和油压值作出特性曲线,作为整定其他部分的依据。

最后调整制动器闸瓦间隙,并确定闸瓦贴闸时的油压值和电流值,将确定后的贴闸电流和全松闸、全抱闸时的电流值作为初步整定电控的依据,最终整定值,要到负荷试车阶段才能确定,因负荷试验时,最大工作油压值还要调整,因此电流值也还要改变。

三、深度指示器的调试

1. 圆盘式深度指示器

(1)在深度指示器传动装置装到基础之前,首先将限速装置与限速板和减速行程开关进行粗调,因这部分调整工作量较大,如装到基础后再调,由于该位置比较狭窄,离地面低,调整费力费时,影响调试工作的效率。所以在就位前首先进行粗调,待传动装置就位后再进行精调较好。

(2)深度指示器在现场拆卸清洗后,应保证装配的正确,用手轻轻捻拨应转动灵活,然后接入传动装置上的发送自整角机进行联合试转,粗精针运转应平稳,并在任何位置上均能准确停止,无前冲、卡阻、别劲和震摆现象。

(3)碰板装置上的减速碰板应转动灵活,不应有卡阻现象,小轴上的两个螺母需拼紧,以免松脱。

(4)减速和过卷用的行程开关在安装时,其滚子中心须对准圆盘回转中心,否则碰压开关时,会增加阻力,造成开关移动而失灵。

2. 牌坊式深度指示器

(1)传动轴的安装与调整应保证齿轮啮合良好。

(2)指针行程应为标尺全长的2/3以上,传动装置应灵活可靠,指针移动时不得与标尺相碰。

(3)装配丝杆时,应检查丝杆的不直度,其不直度在全长上不得大于1 mm。

任务13　JK型提升机试运转

一、试运转前的清洗及准备

1. 清除提升机房内的一切脏物,清扫和擦净落入设备上的灰尘和油污。

2. 复查各部螺栓，装齐各保护罩及安全栏杆。并要认真的对下列项目进行检查和试验：

(1) 要对电气控制设备进行调整及试验；

(2) 对司机台的操纵系统要进行试操作；

(3) 对各种仪表要进行试验。

3. 按要求向各部油箱及油泵内注油，注油量为视油镜 2/3 的位置。如是滚动轴承要注入润滑脂，注油量为油室的 2/3。

二、空负荷试运转（不挂钢丝绳和容器）

1. 空车试车前，须将圆盘式深度指示器传动装置上的碰块和限速凸轮板都取下，以免碰坏减速开关、过卷开关和限速自整角机装置。将牌坊式深度指示器的联轴器分开，以免损坏丝杠、丝杠螺母及其他零部件和开关。

2. 试验调绳离合器，首先轮齿要润滑良好，然后用 1 MPa 油压试验三次，应能顺利脱开和合上。再用 2 MPa，3 MPa，4 MPa 的油压各试验三次，均能顺利脱开和合上，脱开和合上时间应在 10 s 内完成，行程为 60 mm。试验时各密封处不得有漏油现象。

3. 闸住活滚筒将离合器打开，正反方向各运转 5 分钟，连续运转三次，用温度计测试活滚筒的铜瓦和铜衬套温度，其温升不大于 20 ℃。

4. 盘形闸与闸盘的接触面积必须大于 60%，紧急制动空行程时间不超过 0.5 s，松闸时间越快越好（一般不超过 5 s）。在施闸运转中注意闸盘温度不超过 100 ℃。闸瓦贴磨方法如下：

(1) 贴磨前先将闸瓦用热肥皂水清洗干净；

(2) 预测贴闸当时的油压值；

(3) 预测各闸瓦（加衬板）的厚度；

(4) 启动提升机进行贴磨运转，贴磨正压力一般不宜过大，略比贴闸时的油压低 0.2 ~ 0.4 MPa，并随时注意闸瓦温度，超温时应停止贴磨，待冷却后再运转，以免增大制动盘粗糙度。闸瓦接触面积达到要求后，停止贴磨，并应重新将闸瓦间隙按规定调整好。

5. 提升机各部经调整合适后，即可进行空车试运转。连续全速运转，正、反转各 4 小时，主轴装置运转应平稳，主轴承温升不超过 20 ℃。减速器运转应平稳，不得有异响或周期性冲击声，各轴承温升不超过 20 ℃。全面检查提升机各部件，如发现问题，应及时排除。

6. 调试深度指示器的指示正确性，检查试验过速、减速、过卷等讯号的正确性及准确性。并检查斜面操纵台两操纵手柄的联锁作用。

三、负荷试运转

1. 提升机各部件空负荷试运转合格后，在已安装好的天轮上，按施工规范，将钢丝绳及提升容器（箕斗或罐笼）挂上。打开滚筒离合器，调整钢丝绳长度，将两个容器的停车水平调整到合适位置。同时将深度指示器作出相应的减速、停车等有关标记，并调整深度指示器传动装置上的碰板、减速开关、过卷开关的位置以及限速板的配制。

2. 在挂好钢丝绳及提升容器并经多次往复试运转及调整完毕后，要进行加载荷试验。载荷应逐级增加，一般分为三级，$\frac{1}{3}F$，$\frac{2}{3}F$，F（满负荷），前二级负荷运转时间为正反转各 4 小时，满负荷运转时间为 24 小时。当加载到$\frac{2}{3}F$ 试车后，应检查主减速器的齿面接触精度，如达到要求，才可进行满负荷试车。在满负荷试车时应检查各部件有无残余变形或其他缺陷。在进行各级负荷试验时，应将液压站的工作油压调整到额定压力值(6.5 MPa)。

3. 在负荷试验时应着重检查下列各项：

(1)工作制动可调性能否满足使用要求。

(2)安全制动的减速度应满足规定要求。

(3)各联锁装置的可靠性。

(4)主轴及主减速器各轴承的温升情况，液压站油的温升情况。液压站的油压值是否为6.5 MPa。

(5)检查润滑油站工作情况。润滑油的压力值应保持0.1～0.2 MPa，当不合规定值时，可拧动齿轮油泵的油压调节螺栓，使其达到要求值。

(6)检查各部件运转声音是否正常。

(7)经常检查各轴承的供油指示器滴油情况(正常为$\phi 2\sim3$ mm的线条状)，如不合要求可拧动供油指示器上端的横把进行调整。

在负荷试运转中，对上述的各检查部位，应设专人定期检查，当发现问题时，应立即停车进行检修调整，使其达到质量标准的规定。在试运转中应将检查及处理情况作好记录。

四、设备的涂漆

当提升机负荷试运转合格后，将机械的各部油污擦抹干净，然后对机械进行涂漆。机房设备涂灰色，进油管涂红色，制动油管涂绿色(也可按使用单位意见进行选色)。

问题思考

1. 叙述JK型提升机设备安装程序。
2. 叙述JK型提升机主轴承座安装的找平找正方法。
3. 叙述主减速器的安装找平找正方法。
4. 主轴和减速器主轴的齿轮联轴器找正时，它的倾斜度、同轴度允差为多少？
5. 叙述盘形闸安装找正方法。
6. 叙述液压站的安装找正方法。
7. 叙述圆盘式深度指示器安装找正方法。
8. 叙述斜面操纵台的安装找正方法。
9. 叙述制动器闸盘的车削方法及工具的选择。
10. 在车削滚筒衬木绳沟时，怎样制作检查样板？
11. 提升机重负荷试验分几级进行，每级负荷量为多少？
12. 提升机负荷试运转时应着重检查哪些项目？

学习情境 10
设备安装的起重

任务导入

在矿山机械设备安装的过程中，设备的搬运、起吊、装卸和组合工作都离不开起重。正确地组织起重工作，合理地选用起重设备、工具，对保证施工安全，工程质量、进度都有重大影响。

学习目标

1. 了解起重用的器具及设备的构造。
2. 能正确地选择起重方法、器具及设备。
3. 能正确地进行安全控制和质量控制。

任务 1 起重索具的选择及计算

一、索具

索具是起重工作中最基本的工具，它的作用是绑扎重物和传递拉力。一般常见的索具有麻绳、钢丝绳、绳夹子、吊环、滑车等。选用索具时应熟悉其性能、规格、强度计算、使用方法和注意事项。

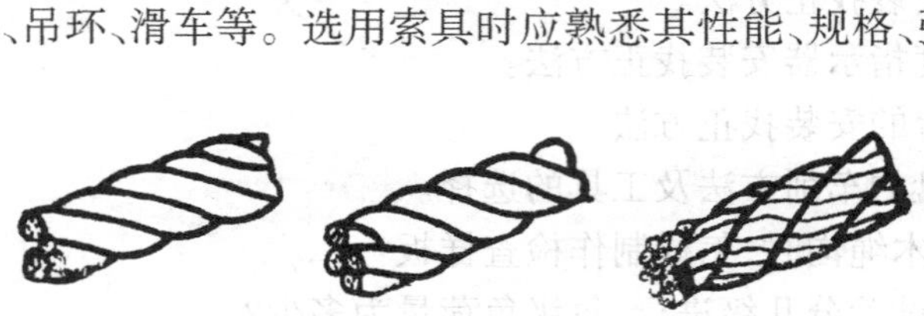

(a)　　(b)　　(c)

图 10.1 麻绳

(a)三股；(b)四股；(c)九股

1. 麻绳

麻绳是常用的绳索之一，它具有轻便、柔软、携带方便、容易捆绑等优点但强度较低，易腐烂变质、易磨损，且新旧麻绳的强度变化很大，因此它的使用受到很大限制，一般只用来捆绑和起吊轻便设备。

麻绳是用亚麻纤维编织的，通用的麻绳是由三股右捻组成，每股又由若干细线左捻拧搓而成。股的断面呈椭圆形，其三股合成圆的直径 d 是麻绳的公称直径(见图 10.1)。

(1)麻绳规格、性能及选择麻绳的规格及性能见表 10.1。

表 10.1　麻绳的规格及性能

麻绳尺寸			允许极限载荷/N				破断拉力/N		每米绳质量/kg	
			捆绑用		起重用					
圆周/mm	直径/mm	断面积/mm^2	亚麻绳	油脂亚麻绳	亚麻绳	油脂亚麻绳	亚麻绳	油脂亚麻绳	亚麻绳	油脂亚麻绳
30	9.6	72	360	320	720	640	5 350	5 050	0.07	0.083
35	11.1	97	480	430	970	870	6 100	5 750	0.087	0.103
40	12.7	127	630	570	1 270	1 140	7 750	7 350	0.117	0.138
50	15.9	199	1 000	900	1 990	1 790	11 200	10 650	0.174	0.205
60	19.1	287	1 450	1 300	2 870	2 580	15 700	14 900	0.248	0.293
75	23.9	449	2 250	2 000	4 490	4 040	23 930	22 260	0.395	0.466
90	28.7	647	3 250	2 900	6 470	5 820	34 330	32 230	0.572	0.675
100	31.8	794	4 000	3 600	7 940	7 140	40 130	37 670	0.700	0.826

麻绳在交捻时虽受到扭转力，但麻绳在工作时承受拉力和弯曲，故它的强度仍按拉伸计算。

许用载荷为　$P=\frac{\pi d^2}{4}[\sigma]$

式中　P——许用载荷，N；

d——麻绳直径，mm；

$[\sigma]$——麻绳许用应力，MPa。

故麻绳的直径为：

$$d=\sqrt{\frac{4P}{\pi[\sigma]}}\quad(\mathrm{mm})$$

麻绳的许用应力选择见表 10.2。

表 10.2　麻绳许用应力表

规　格	起重用麻绳/MPa	捆绑麻绳/MPa
亚麻绳	10	5
油浸亚麻绳	9	4.5

例　用一根亚麻绳吊一 3 000 N 的重物，需选用多粗的麻绳？

解　首先确定其麻绳的许用应力$[\sigma]$，查表 10.2，得$[\sigma]=10$ MPa。由公式得：

$$d=\sqrt{\frac{4P}{\pi[\sigma]}}=\sqrt{\frac{4\times 3\ 000}{3.14\times 10}}=19.6\ \mathrm{mm}$$

查表 10.1，取 $d=23.9$ mm

(2)使用麻绳的注意事项

a. 麻绳一般用于轻型手动捆绑和起重较小的滑车及桅杆绳索。机动的机械一律不得使用麻绳；

b. 麻绳的拉力系根据包括其空隙在内的全部断面计算，所以选用时，要酌情考虑安全系数，断丝和磨损过度的均不得使用；

c. 麻绳用于滑车组时，滑轮的直径应大于麻绳直径的 10 倍；

d. 麻绳应放在干燥的库房内储存保管，盘卷放置在木板上，避免吸水后降低其使用强度；

e. 油浸麻绳质地较硬，不易弯曲，强度也较不油浸麻绳低 10% 左右，在吊装作业中，一般不采用油浸麻绳。

2. 钢丝绳

钢丝绳一般用优质高强度碳素钢丝制成。它具有强度高，韧性好，能承受很大拉力，耐磨损等优点。它是起重中最常用的索具，用于起吊牵引、捆绑重物和作各种绳扣等。

钢丝绳的内容在运输提升课程中已有讲述，这里不再重复。

二、绳索打扣法

在吊装矿山设备工作中，应根据各种吊具和不同形状物体，打成各种不同的绳扣。所打绳扣应符合打扣方便，连接牢固而又容易解开的要求，受力后不仅不会散脱，而且受力越大绳扣就收缩得越紧，表 10.3 介绍几种常用的打扣方法。

表 10.3　常用的绳索打扣法

绳扣名称	图　例	用　途	特　点
滑子扣	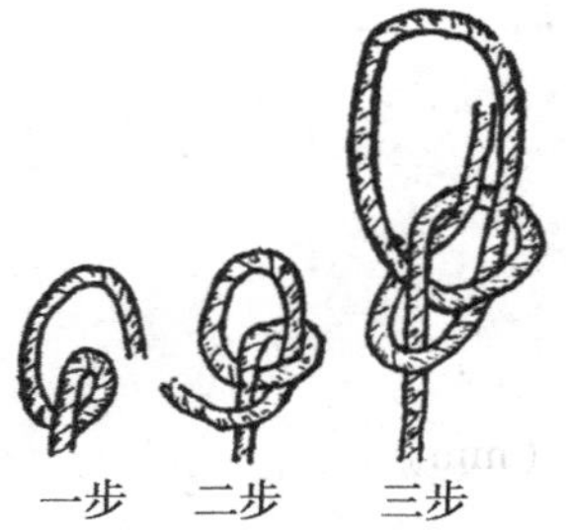	适用于拖拉物件和穿滑轮等作业	1. 牢靠，易于打开 2. 拉紧后不出死结扣 3. 结绳迅速，三步即可结好
死圈扣	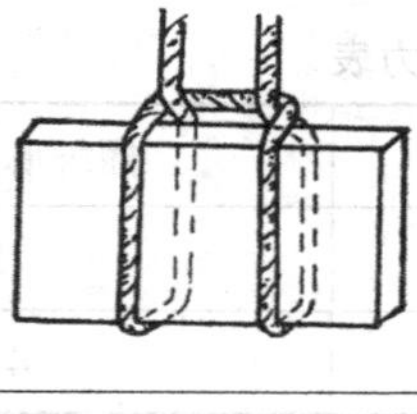	起吊重物	1. 捆绑时必须和物件扣紧，不允许有空隙 2. 一般采用与物件绕一圈后再结扣的方法，以免吊装时滑脱
梯形扣		绑人字桅杆	1. 结法方便简单 2. 扣套两绳头越拉越紧，但松解也容易

续表

绳扣名称	图　例	用　途	特　点
挂钩扣	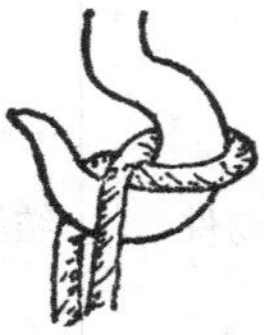	用于挂钩	1. 安全可靠 2. 结法方便 3. 绳套不易跑出钩外
接绳扣	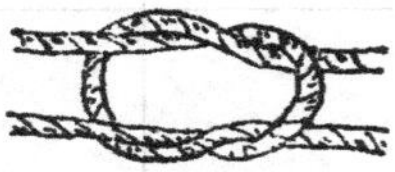	用于绳与绳的连接	1. 使用方便,安全可靠 2. 需要两个绳扣联合使用 3. 两端用力过大时,可在扣中插入木棒,以便于解扣
单绕时双插扣	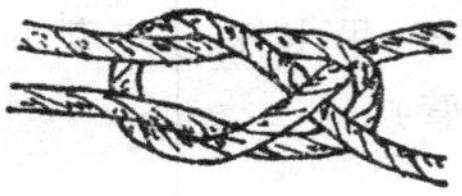	接绳结	1. 牢靠 2. 适用于两端有拉紧力的场合
倒扒扣	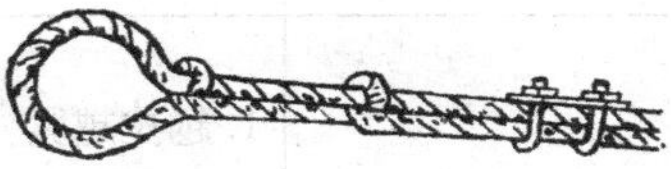	立桅杆拖拉绳用	1. 牢靠,打结方便,随时可以增长或缩短 2. 紧后易松开 3. 要求打绳卡子(根据重量决定卡子数量)
双滑车扣(简单锁圈扣)		搬运轻便物体	1. 吊抬重物绳扣自行锁紧,当物体歪斜时可任意调整绳长 2. 解绳扣容易、迅速
果子扣		抬杠或调运圆桶形物件	结绳、解绳迅速
活瓶扣		吊立轴等用	平稳均匀,安全可靠
抬缸扣		抬缸或调运圆桶形物件	能套住底部而不易滑脱

续表

绳扣名称	图　例	用　途	特　点
抬扣	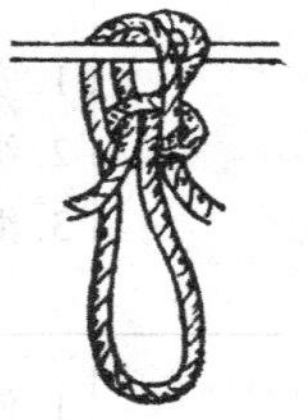	抬运或调运物件	结绳、解绳迅速,安全可靠
垂直运扣	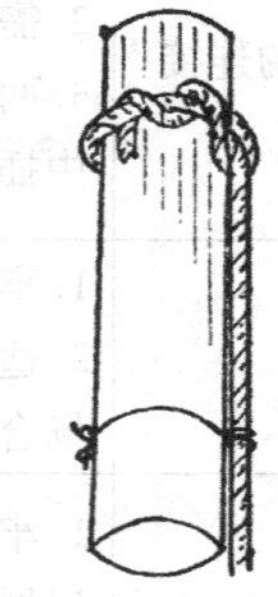	用于圆形物件(如绑脚手架、吊木杆、空中运管)	牢靠
背扣	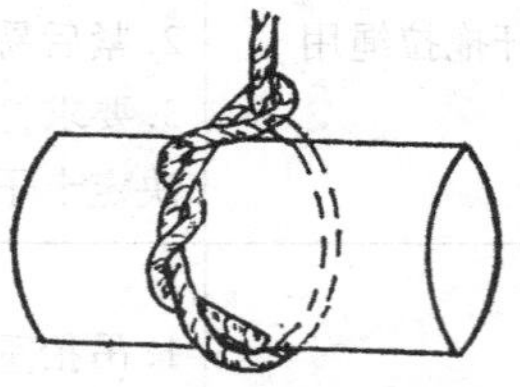	绑架子、提升轻而长的物件	1. 越拉越紧 2. 牢靠安全 3. 易打结和松开,但必须注意压住端头

三、绳夹子

在吊装设备时需要立桅杆、挂滑车等,这就必须使用绳夹子来夹紧钢丝绳,使它们暂时可靠地与牵引设备连接起来。

常用的绳夹子有两种:一种是"U"形绳夹子(图 10.2);另一种是"L"形绳夹子(图 10.3)。"U"形绳夹子规格见表 10.4;"L"形绳夹子规格见表 10.5。

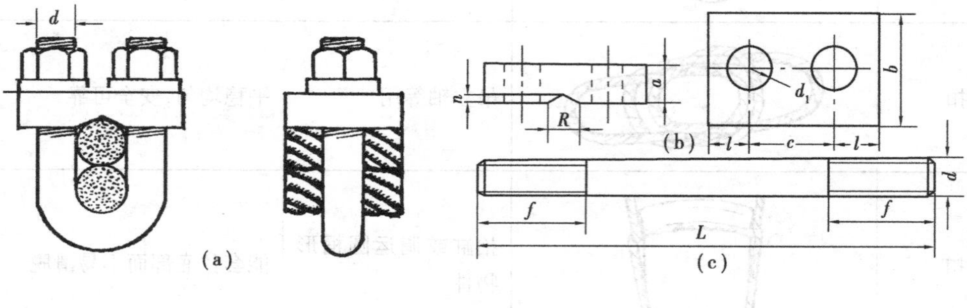

图 10.2　"U"形绳夹子

表 10.4　"U"形绳夹子规格表

钢绳直径/mm	尺寸/mm								
	a	b	c	d	l	f	k	L	n
12.5	12	34	24	10	15	25	8	122	2
15.5	14	40	31	13	17.5	30	10	157	2
17.5	16	45	35	16	20	38	10	185	3
19.5	16	52	37	16	21.5	38	10	198	3
21.5	16	52	40	16	22	38	12	203	3
24	20	60	44	20	24	42	12	229	4
28	22	60	49	20	25.5	44	15	249	5
34.5	24	70	58	22	26	46	20	291	6
37	24	80	63	27	28.5	50	23	310	8

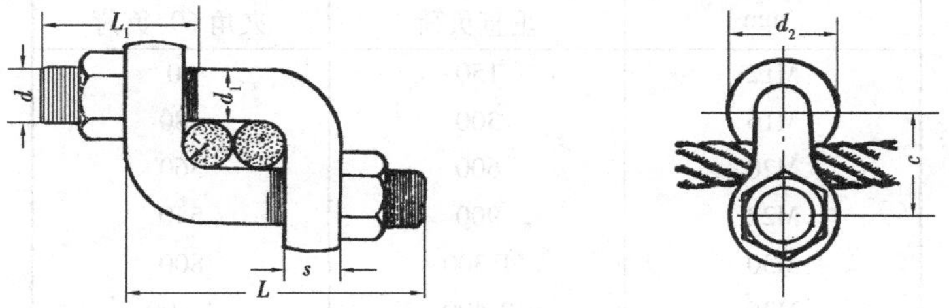

图 10.3　"L"形绳夹子

表 10.5　"L"形绳夹子规格表

钢绳直径/mm	尺寸/mm								总长/mm
	d	d_1	d_2	c	L	L_1	s	r	
8.7～9.2	12	14	26	23	65	35	12	5	125
11～12.5	12	14	26	27	75	35	12	6.5	135
13～15.5	14	16	32	32	80	40	14	8	155
17～18.5	20	22	45	42	110	55	20	10	220
19.5～22	20	22	45	45	110	55	20	12	220
23～26	22	24	50	51	130	55	22	14	250
28～31	24	26	55	58	150	65	24	16	280
31.5～33.5	28	30	70	65	170	80	28	18	362

绳夹子的数目可根据钢丝绳的直径选择,见表 10.6。

表 10.6　根据钢丝绳的直径选择绳夹子的数目表

钢绳直径/mm	8	13	15	17.5	19.5	21.5	24	28	34.5	37
绳夹数目	3	3	3	3	4	4	5	5	7	8

四、吊环

吊环是设备安装中用作起吊的一种专业工具(图 10.4)。通常它只用在轻便、小型设备或部件的装拆上,吊环的允许负荷见表10.7。吊环在使用前应仔细检查丝扣是否有损坏,其螺纹杆有无弯曲现象等;吊环拧入时,一定要拧到螺丝杆根部,以防受力后弯曲甚至断裂;当使用两个吊环起吊重物时,钢丝绳之间的夹角不宜过大,一般应在 60°之内,以防止吊环受过大的水平力。

表 10.7　吊环允许负荷表

丝杆直径 d /mm	允许负荷/kg	
	垂直负荷	夹角 60°负荷
M12	150	90
M16	300	180
M20	600	360
M22	900	540
M30	1 300	800
M36	2 400	1 400

五、卡环

卡环又称卸扣,是起重工作中用得很广而灵巧的拴连工具。卡环是由弯环和横销两个主要零件组成的(图 10.5)。

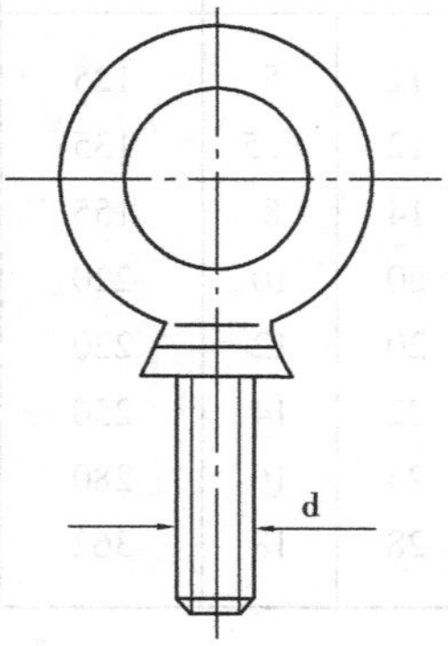

图 10.4　吊环

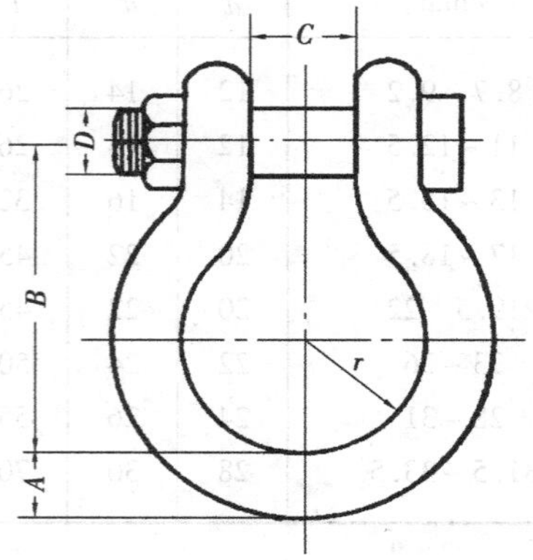

图 10.5　卡环

卡环主要用于连接各种绳索、吊环和滑车等,用起来安全可靠。

卡环的规格应根据吊装物件重量来选择,如表 10.8 所示。

表 10.8 卡环规格

序 号	A	B	C	D	安全起重量/t	质量/kg
1	7	29	13	8	0.4	0.06
2	8	32	14	10	0.62	0.09
3	10	38	17	12	0.8	0.14
4	11	44	20	14	1.2	0.22
5	13	50	22	16	1.56	0.34
6	16	60	27	20	2.63	0.66
7	19	73	32	22	3.51	1.00
8	23	82	35	24	4.82	1.54
9	26	92	43	27	5.9	2.36
10	29	108	47	30	6.9	3.37
11	32	120	47	36	8.62	4.72
12	35	133	57	36	10	5.81
13	38	140	57	42	12.4	7.72
14	45	178	73	48	19.2	13.4
15	50	197	79	56	23.2	18.9

六、滑车及滑车组

在设备安装工程中，要广泛使用滑车和滑车组配合钢丝绳、绞车进行吊装和运搬。

1. 滑车

滑车是由滑轮装在带有吊钩或吊环的滑轮夹套中构成的，其结构如图 10.6 所示。

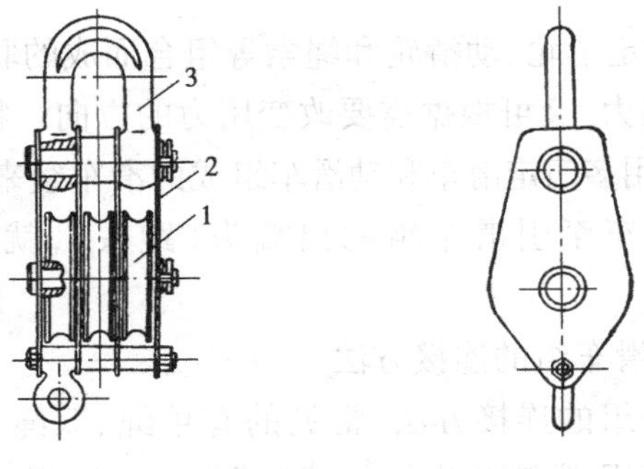

图 10.6 滑车

1—滑轮；2—夹板；3—吊环

滑车上的滑轮是夹在夹板中，夹板上带有吊环(或吊钩)。滑车的滑轮个数，习惯上称为“门数”。

滑车按其作用可分为定滑车和动滑车两种。定滑车(图 10.7)安装在固定位置的轴上。在起重机具中，定滑轮用以支持挠性件的运动，当绳索受力时，轮子转动，而轴的位置不变。使用这种滑车，只能改变绳索的运动方向，不能省力。

动滑车安装在运动的轴上，它和被牵引的设备一起升降。动滑车又分为省力和增速两种，如图 10.8 所示。

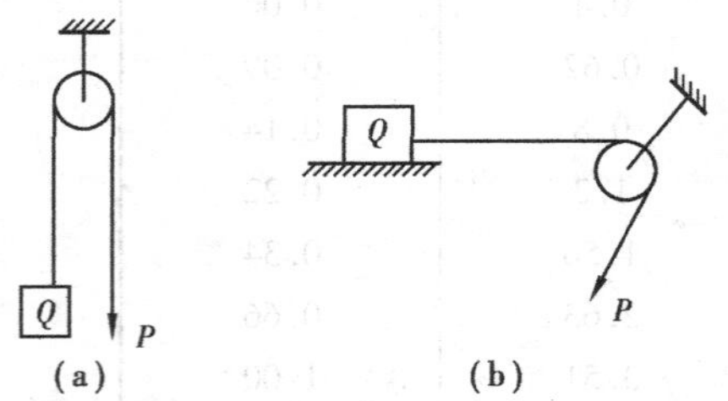

图 10.7　定滑车示意图

(a)定滑车;(b)导向滑车

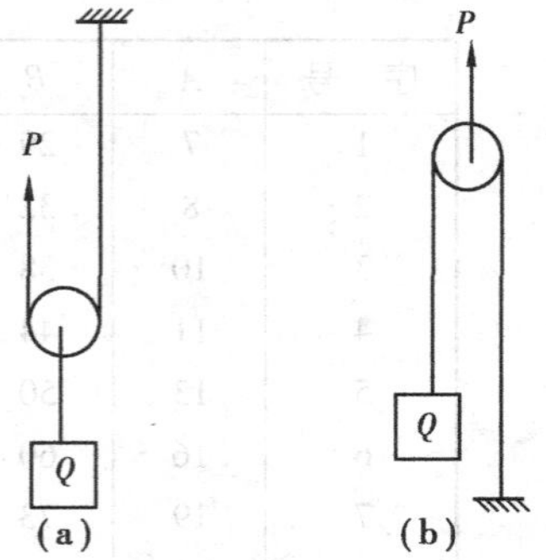

图 10.8　动滑车示意图

(a)省力滑车;(b)增速滑车

滑车的起重量,一般标在滑车夹板的铭牌上,使用时应注意按规定的起重量选用。对于起重量不明的滑车,可按以下经验公式来估算它的安全起重量:

$$Q = n\frac{D^2}{16}$$

式中　Q——安全起重量(kg);

D——滑轮直径(mm);

n——滑车门数。

例　滑轮直径为 254 mm 的单门滑车,其安全起重量为:

$$Q = 1 \times \frac{254^2}{16} = 4\ 032\ \text{kg} \approx 4\ \text{t}$$

2. 滑车组

滑车组是由一定数量的定滑轮、动滑轮和绳索等组合而成的联合装置(图 10.9)。滑车组即可以省力,又可根据需要改变用力的方向。特别是在起吊大重量的设备时,可采用多门定滑车和动滑车组成的滑车组来完成。通常只要采用 0.5 ~ 20 t 的绞车牵引滑车组的出端头(跑头),就能吊起几吨或几百吨重的设备。

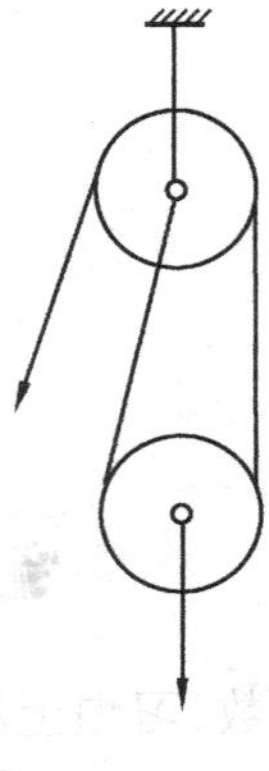

图 10.9　滑车组

(1)滑车组的连接方法

滑车组的连接方法,常见的有单绳、双绳、三绳……至十绳。习惯上一般把双绳滑车叫做“一一”(或“1 ×1”)滑车,把三绳滑车叫做“一二”(或 1 ×2)滑车,把四绳滑车叫“二二”(或“2 ×2”)滑车,其余如“二三”、“三三”、“三四”、“四四”、“四五”、“五五”等。滑车组的连接方法及其主要性能见表 1.19。

滑车组绳数是指动滑车上绳子的根数,习惯上叫“走几”,如“走三”即表示动滑车上有三根绳索绕过。出头端拉力(S)又称跑头拉力,它指提升时所需的拉力。由表 10.9 中可知:滑车组的效率(η_o)随绳数(或轮数)的增多而降低;提升时所需的拉力随着绳数的增多而减少。

表 10.9　滑车组的连接方式及其主要性能

滑车组绳数	单绳	双绳	三绳	四绳	五绳	六绳	七绳	八绳	九绳	十绳
滑车组的联接方式	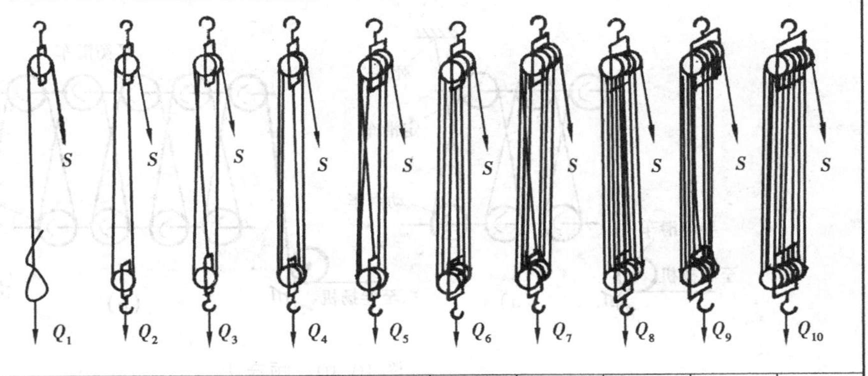									
滑车组的效率(η_o)	0.96	0.94	0.92	0.90	0.88	0.87	0.86	0.85	0.83	0.82
出头端拉力(S)	$1.04Q$	$0.53Q$	$0.36Q$	$0.28Q$	$0.23Q$	$0.19Q$	$0.17Q$	$0.15Q$	$0.13Q$	$0.12Q$

(2)滑车组的选择

在起吊设备时,常需根据起吊设备的重量来选择合适的滑轮组。选择时应使滑轮组的跑头拉力小于或等于绳索的最大许用拉力。

例　今有 20 t 的设备,拟采用滑车组配合 5 t 绞车来起吊,试选择滑车组的绳数和钢丝绳的规格。

解　钢丝绳安全系数取 5,若选 5 绳滑车组,由表 10.9 可得跑头拉力 $S=0.23Q$,$S=0.23Q\times 20=4.6$ t。

查钢丝绳规格表,选 6×37 型,抗拉强度 1 550 MPa 的钢丝绳,其许用拉力为 5.4 t,大于 $S=4.6$ t。此处选择的 5 t 绞车也合适。

经上述计算,可选择 5 绳滑车组,直径为 21.5 mm、6×37 型的钢丝绳。

(3)滑车组的钢丝绳串绕法

滑车组的钢丝绳串绕方法,是一项重要而又复杂的工作。如因串绕不当,易使钢丝绳弯曲过度,磨损过快,甚至会出现滑车架偏斜等毛病。滑车组钢丝绳的串绕方法有顺穿法和花穿法两种。顺穿法又有单跑头和双跑头之分。

a. 顺穿法:是将钢丝绳端头从边上第一个滑车开始,顺序地穿过第一、二、三、……至最后一滑车引出,如图 10.10 所示。

单跑头顺穿法[图 10.10(a)]死头固定在定滑车架上,跑头经导向滑车引至绞车。由于滑车存在着阻力,在起吊时,由于跑头的拉力比死头拉力大,而且每支绳的受力都不一样,这样就会出现车架偏歪的现象,使被吊物件不能保持平稳。因此,单跑头顺穿法只适用于起重量小、门数少(少于 5 门)的滑车组。

双跑头顺穿法[图 10.10(b)],它的定滑车是奇数,其中一个定滑车为平衡滑车。两个跑头可以连到一台绞车滚筒上,也可以分别连到两台绞车滚筒上。由于两边对应的钢丝绳拉力相等,所以滑车架不会产生偏斜现象,保证重物平稳地上升,还可以减少滑车组的运动阻力,提高吊装速度,适合于吊装重型设备。

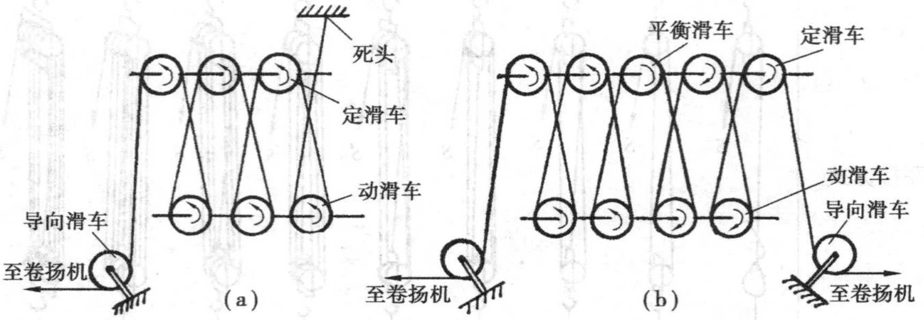

图 10.10 顺穿法

(a)单跑头顺穿法;(b)双跑头顺穿法

b. 花穿法如图 10.11 所示。它的特点是滑车组受力比较均匀,工作比较平稳,尽管采用单跑头,也不会出现车架偏歪的现象。因此,花穿法适于起吊大型设备。

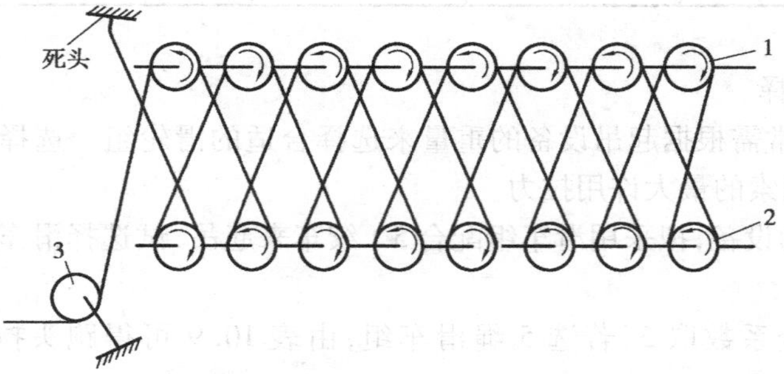

图 10.11 花穿法

1—定滑车;2—动滑车;3—导向滑车

(4)滑车组钢丝绳长度的确定

穿绕滑车组时钢丝绳的长度可按下式进行计算:

$$L = n(h + 3d) + L + 10$$

式中 L——钢丝绳的长度(m);

n——工作绳数;

h——提升高度(m);

d——滑轮直径(m);

L——定滑轮至绞车之间的距离。

例 今欲起吊一大型矿山设备,需要穿绕一套滑车组,其工作绳为 8 根,滑轮直径 350 mm,提升高度 25 m,定滑车至绞车的距离为 14 m,问所需钢丝绳的长度是多少?

解 $L = n(h + 3d) + L + 10$

$= 8(25 + 3 \times 0.35) + 14 + 10 = 232.4$ m

(5)使用滑车组的注意事项

使用滑车组时应注意下列事项：

a.使用前应仔细检查滑车和吊钩,不能有裂纹或损伤等情况；

b.不允许超过滑车的安全起重量,没有铭牌的滑车应估算出安全起重量；

c.滑车穿绕好以后,要慢慢地加力收紧绳索试吊,检查各部分运转情况是否良好。如有不妥,应立即调整,不能勉强凑合,以保证安全；

d.轮轴应经常注油润滑,既省力又减少磨损。

任务2　起重机具的使用

能完成空间两点间的起重任务的起重机械,称为起重机具。常用的起重机具有：千斤顶、手动链式起重机、绞车和桅杆等。

起重机具的特点是构造简单、紧凑、轻巧并且携带方便,它可以单独使用,也可以与其他起重机械配合使用。

一、千斤顶

千斤顶又称举重器,通常用它将设备顶升到不超过1 m的高度。它结构轻巧,携带方便,使用、维修容易,用很小的力就能把很重的物件顶升;同时在设备的安装中,可用它来矫正构件的歪斜现象或将构件调直或顶弯,所以它的用途很广。常见的有螺旋式千斤顶、油压千斤顶两种。

1.螺旋式千斤顶

螺旋式千斤顶是利用螺杆与螺母的相对运动来举起或降下重物。它常用于中小型机械设备的安装。

螺旋式千斤顶由螺母套筒1、螺杆2、摇把3、伞齿轮4、壳体5等主要零部件组成,如图10.12所示。工作时只要扳动摇把3,通过伞齿轮4带动螺杆2转动,从而使螺母套筒1沿壳体上部导向键8升降。换向扳扭7用来控制伞齿轮的正反转,即控制套筒的升降。

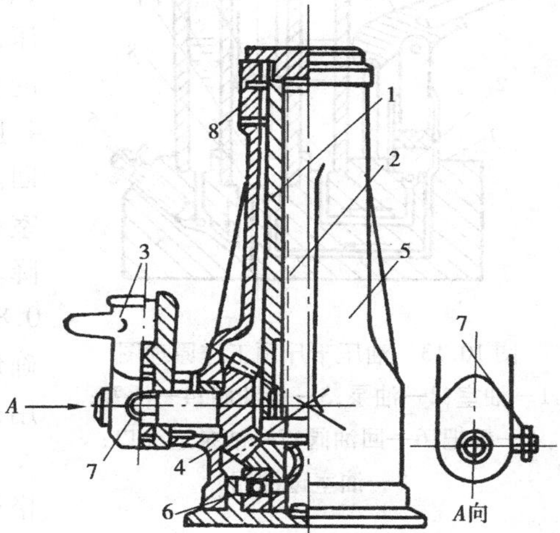

图10.12　螺旋式千斤顶

1—螺母套筒;2—螺杆;3—摇把;4—伞齿轮;5—壳体;6—推力轴承;7—换向扳钮;8—导向键

螺旋式千斤顶的技术性能及规格见表10.10。

螺旋式千斤顶的优点是能够自锁,可以在水平方向操作使用,价格便宜。其缺点是效率较低($\eta=0.3\sim0.4$),提升速度也较慢(15～35 mm/min)。

表 10.10　螺旋式千斤顶的技术性能及规格

型　号	起重量 /t	最低高度 /mm	起升高度 /mm	手柄长度 /mm	操作力 /N	质量 /kg
LQ—5	5	250	130	600	130	7.5
LQ—10	10	280	150	600	320	11
LQ—15	15	320	180	700	430	15
LQ—30	30	395	200	1 000	850	27
LQ—30D	30	320	180	1 000	600	20
LQ—50	50	700	400	1 385	1 260	109

2. 油压千斤顶

油压千斤顶又叫液压千斤顶。它是通过压力油(或工作油)来传递动力,使活塞完成举起或降下动作的。

油压千斤顶由油室1、油泵2、储油腔3、活塞4、摇把5、回油阀6、油泵进油口7、油室进油口8等组成,如图10.13所示。油压千斤顶的工作原理如下:操作时,将摇把5提起,油泵2中活塞上升,使油门7打开,油室1中的油压将油门8关闭,这时储油箱3中的油通过油门7进入油泵2。然后将摇把5向下压,油泵2活塞向下移动,使油泵2中产生油压,将油门7关闭。当油压不断增大到大于油室1中的油压时,油门8开启,压力油进入油室1,推动活塞4上升,将重物顶起。要使活塞4下降时,只要打开回油阀6,油门8由于油室1中的油压将它关闭,使油室1中的油回到储油箱3内,活塞4由重物压着下降。油压千斤顶比螺旋千斤顶效率高,$\eta = 0.75 \sim 0.8$,起重范围较大(3~500 t),能保证平稳起升及准确地将重物保持在给定的水平面上,并具有自锁作用;其缺点是起重高度小,起重速度慢。

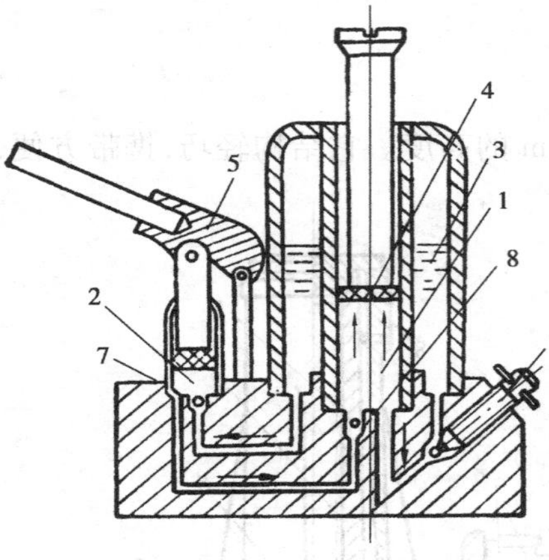

图 10.13　油压千斤顶工作原理图

1—油室;2—油泵;3—储油腔;4—活塞;5—摇把;6—回油阀;7—油泵进油口;8—油室进油门

常用手摇式YQ型油压千斤顶的技术性能及规格见表10.11。

3. 使用千斤顶注意事项

(1)千斤顶的起重能力应大于载荷的重量,不得超负荷使用;

(2)载荷应与千斤顶轴线一致,严防由于基底偏沉或载荷偏移而发生千斤顶偏歪的危险;

(3)千斤顶的基础必须稳定可靠,常用枕木来垫千斤顶,以扩大支承面积;

(4)重物和顶头之间应垫木板防止滑动;

(5)一般情况下不允许加长千斤顶的手柄;

(6)如用两台或两台以上千斤顶同时顶升一件重物,要统一升降,升降速度应基本相同,以防重物倾斜或千斤顶超负荷;

(7)起重时应注意升降套筒上升高度,当套筒出现红色警告线时,表示已举至该千斤顶的额定高度，应立即停止起升，否则千斤顶将遭到破坏，还可能发生危险。使用技术规格不清的千斤顶时，每次起重的高度不得超过螺杆套筒或活塞总高的3/4。

表 10.11　油压式千斤顶的技术性能及规格

型　号	起重量 /t	最低高度 /mm	起升高度 /mm	手柄长度 /mm	操作力 /N	储油量 /L	质　量 /kg
YQ—5A	5	235	160	620	320	0.25	5.5
YQ—8	8	240	160	620	365	0.3	7
YQ—12.5	12.5	245	160	850	295	0.35	9.1～10
YQ—16	16	250	160	850	280	0.4	13.8
YQ—20	20	285	180	1 000	280	0.6	20
YQ—30	30	290	180	1 000	346	0.9	30
YQ—32	32	290	180	1 000	310	1	29
YQ—50	50	300	180	1 000	310	1.4	43
YQ—100	100	360	200	1 000	400	3.5	13
YQ—200	200	400	200	1 000	400	7	227
YQ—320	320	450	200	1 000	400	11	435

二、手动链式起重机

手动链式起重机俗称“神仙葫芦”、“倒链”和“斤不落”。它是用来提升物件到不很大的高度的复式滑车，是一种构造简单、携带方便的小型起重机具。它适用于起吊小型设备。

图 10.14 为手动链式起重机示意图。它的工作原理如下：当提升重物时，手拉链 1 使链轮 2 按顺时针方向转动。链轮 2 沿着圆盘 5 套筒上的螺纹向里移动，而将棘轮圈 3 和摩擦片 6 都压紧在链轮轴 4 上（链轮轴 4 与圆盘 5 牢固地连成一体）。棘轮圈 3 只能按顺时针方向转动，棘爪在棘轮圈 3 上跳动而发出嗒嗒声响。链轮轴 4 右端的齿轮 12 带动齿轮 9（或称行星齿轮）与固定齿轮 8 相啮合，使齿轮 9 以链轮轴 4 为中心，沿顺时针方向转动。同时，带动驱动机构 13 和起重链轮 11 转动，使起重链子 14 上升。当不拉手拉链时，重物靠自重产生的自锁现象和棘爪阻止棘轮圈 3 逆时针方向转动而停止在空中。反之，当松下重物时，手拉链 1 使链轮 2 按逆时针方向转动，链轮 2 沿着圆盘 5 套筒上的螺纹向外移动，而将棘轮圈 3、摩擦片 6 和圆盘 5 分离。则链轮轴 4 右端的齿轮 12 带动齿轮 9 与固定齿轮 8 相啮合，使齿轮 9 以链轮轴为中心沿逆时针方向转动，同时带动驱动机构 13 和起重链轮 11 转动，使起重链子 14 下降。当不拉手拉链时，因链轮停止转动，起重链轮 11 受物体自重还要继续沿逆时针方向转动，行星齿轮传动机构同样沿逆时针方向转动，使圆盘 5、摩擦片 6 及棘轮圈 3 之间互相压紧而产生摩擦力，棘轮圈 3 受棘爪阻止，不能向逆时针方向转动，于是摩擦力作用在螺纹上产生自锁，使重物停止在空中。行星圆柱齿轮传动的手动链式起重机效率较高，$\eta = 0.75 \sim 0.9$，起重速度较快。常用的 SH 型手动链式起重机的技术性能和规格见表 10.12。

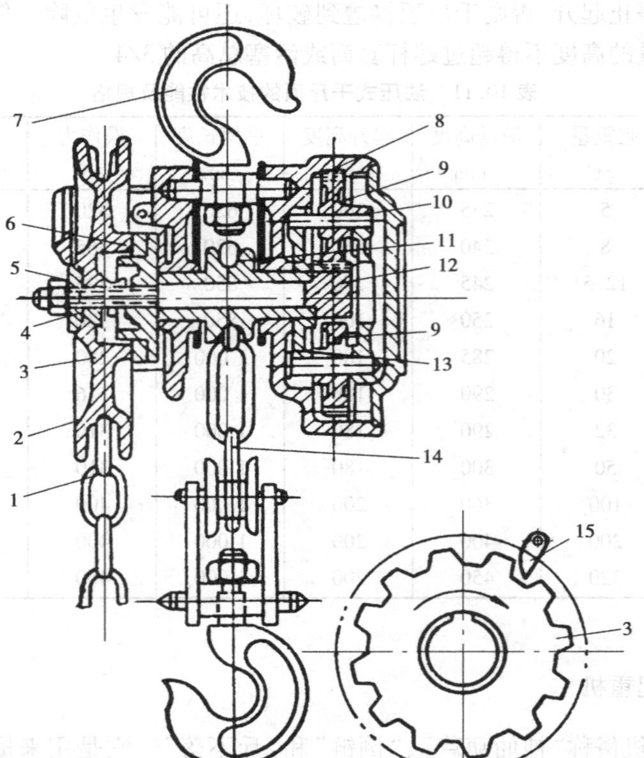

图 10.14　齿轮传动的链条式起重机

1—手拉链;2—链轮;3—棘轮圈;4—链轮轴;5—圆盘;

6—摩擦片;7—吊钩;8—齿圈;9—齿轮;10—齿轮轴;

11—起重链轮;12—齿轮;13—驱动机构;14—起重链子;15—棘爪

表 10.12　SH 型手动链式起重机性能规格表

型　号	$SH_{0.5}$	SH_1	SH_2	SH_3	SH_5	SH_{10}
起重量/t	0.5	1	2	3	5	10
起升高度/m	2.5	2.5	3	3	3	5
试验载荷/t	0.625	1.25	2.5	3.75	6.25	12.5
两钩间最小距离/mm	250	430	550	610	840	1 000
满载时手拉力/N	195 ~ 220	210	325 ~ 360	345 ~ 360	375	385
质量/kg	11.5 ~ 16	16	45 ~ 46	45 ~ 46	73	170
起重高度每增加 1 m 所增加的质量/kg	2	3.1	4.7	6.7	9.8	186

使用手动链式起重机的注意事项如下:

1. 使用前必须检查其结构是否完整,运转部分是否灵活及充油部分是否有油等,防止发生干磨、跑链等不良现象。

2. 拉链子的速度要均匀,不要过快过猛,注意防止手拉链脱槽。

3. 已吊起的重物需要停放时间较长时,应将手拉链拴在起重链上,以防自锁失灵,发生事故。

4. 手动链式起重机在使用过程中，应根据其起重能力的大小决定拉链的人数。当手拉链拉不动时，应查明原因，不能增加人数或猛拉，以免发生事故。表 10.13 是根据手动链式起重机的起重能力决定拉链的人数。

5. 转动部分要保持润滑、减少磨损，但切忌将润滑油渗进摩擦胶木片内，以防自锁失灵。

表 10.13　根据手动链式起重机起重能力确定拉链人数

起重量/t	0.5～2	3～5	5～8	10～15
拉链人数/人	1	1～2	2	2

三、绞车

在起重工作中，以拖曳钢丝绳来提升重物的设备叫绞车。绞车分为手动和电动两种。手动绞车是一种比较简单的牵引工具，操作容易，便于搬运，一般用于设施条件较差和偏僻无电源的地区。电动绞车广泛地应用于建筑、安装和运输等作业中。在机械设备的吊装就位和运搬中，广泛使用一般可逆齿轮箱式绞车，它具有牵引速度慢、牵引力大、重物下降时安全可靠等优点。下面介绍可逆电动绞车。

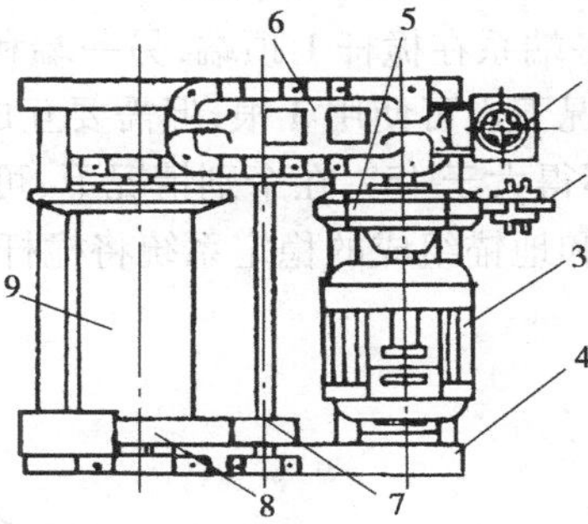

图 10.15　可逆式电动绞车示意图

1—可逆控制器；2—电磁制动器；3—电动机；4—底盘；5—靠背轮；6—齿轮箱；7—小齿轮；8—大齿轮；9—滚筒

可逆式电动绞车主要由电动机、减速齿轮箱、滚筒、电磁制动器、可逆控制器等组成，如图 10.15 所示。当需要提升重物时，绞车接通电源后，顺时针转动可逆控制器 1，使电动机 3 通电，向逆时方向转动；同时，打开联锁的电磁制动器 2，电动机 3 通过联轴器 5 带动齿轮箱 6 的输入轴转动，齿轮箱 6 的输出轴上装的小齿轮 7 带动大齿轮 8 转动，大齿轮 8 固定在滚筒 9 上，滚筒 9 和大齿轮 8 一起转动。滚筒 9 卷进钢丝绳使物体提升。要停止提升时，将可逆控制器 1 的手柄回复到零位上，同时切断电动机 3 和电磁制动器 2 的电源，电动机 3 停止转动，电磁制动器 2 的闸瓦牢牢地抱在联轴器 5 上，滚筒不能回转，使重物不能倒退或下落。要使重物下落，可将可逆控制器 1 的手柄向逆时针方向转动，使电动机 3 通电后向顺时针方向转动，从而滚筒 9 倒出钢丝绳，使物体下落。

电动绞车应安装在地势较高的地方，使操作人员在工作时能看清吊装物件，并要离开重物起吊处 15 m 以外，用桅杆时，其距离不得小于桅杆的高度。安装绞车时应使滚筒前面第一个导向滑轮的中心线垂直于滚筒中心线（见图 10.16）。

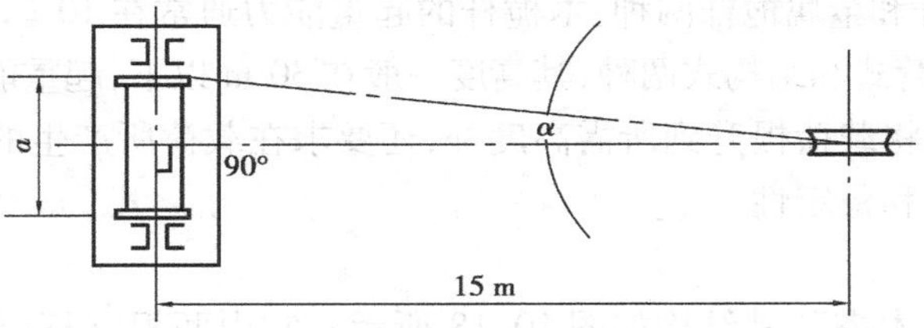

图 10.16　电动绞车的正确安装示意图

使用电动绞车时应注意下列事项：

1. 启动前应先用手搬动齿轮空转一圈，检查各部机件是否转动灵活，制动闸是否有效；

2. 送电前，控制器必须置于零位；

3. 绞车停车后，要切断电源，控制器置于零位，用保险闸制动刹紧；

4. 钢丝绳应按规定进行选择，钢丝绳不准有打扣、绕圈等现象；

5. 起吊重型物件时，应进行试吊，以检查绳扣及物件捆绑是否结实、平稳；

6. 绞车的电气设备都要有接地线，所有电气开关及转动部分应有保护罩，绞车所有转动部分，应定期加油润滑。

四、桅杆

桅杆是桅杆式起重机的简称，俗称抱杆、扒杆或抱子。它是在矿山设备安装中常用的一种半机械化起重机具。它具有结构简单、造价低廉、装卸方便、适应性强、安全可靠等独特的优点，因此应用极为广泛。下面介绍单桅杆和人字桅杆两种桅杆。

1. 单桅杆

单桅杆俗称“独脚抱子”（见图 10.17），它是最简单的起重机具。桅杆系一立柱 1，风缆绳 2 的一端系在桅杆 1 顶端，另一端和地锚 5 相连接。风缆绳的数目用 4 ~6 根比较稳定。在特殊情况下也可使用 3 根，但需要互成 120°角，拉开张紧；风缆绳和地面之间的夹角 α 以 30°为宜，不得大于 45°，在个别情况下，可增至 60°，因夹角过大会影响桅杆的稳定。这样，由数根风缆绳和地锚组成的稳定系统将桅杆固定在竖立或倾斜的位置上，倾斜角一般为 5° ~10°。

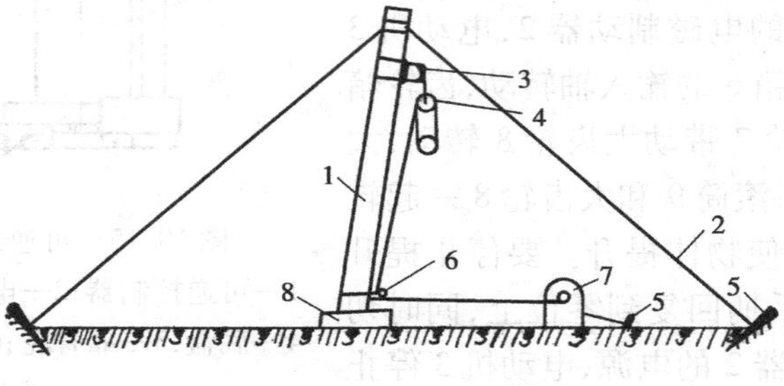

图 10.17 单桅杆

1—立柱；2—风缆绳；3—悬梁；4—滑车组；
5—地锚；6—导向滑轮；7—绞车；8—枕木

在桅杆 1 的上端焊上悬梁 3，用来支持起重滑车组 4，该悬梁与桅杆应保持一定距离，以免载荷与桅杆相撞。起重滑车组 4 的绳索从上滑车导出，经过固定在桅杆下部的导向滑轮 6 而引导到绞车 7 上。桅杆底部应垫以枕木 8。

单桅杆分为木桅杆和金属桅杆两种：木桅杆的起重能力通常在 10 t 以下，其高度可达 15 m 左右；金属桅杆又分钢管式和结构式两种，其高度一般在 30 m 以下，起重能力通常为 15 ~50 t。

对桅杆，除要求能将载荷提升到所需高度外，还要求在载荷所产生的压应力和弯曲应力的作用下，有足够的强度和稳定性。

2. 人字桅杆

人字桅杆俗称“两木搭”，其结构如图 10.18 所示。它由两根立杆（圆木或钢管）4 交叉捆绑成“人”字形，其夹角为 25° ~45°，风缆绳 2 一端系在桅杆交叉处，另一端与地锚相联结，在交叉处挂上滑车组 3。人字桅杆的优点是比单桅杆稳固、架设方便。它在使用时，两杆形成一个平面，并尽可能与地面垂直。人字桅杆的性能及有关资料见表 10.14。

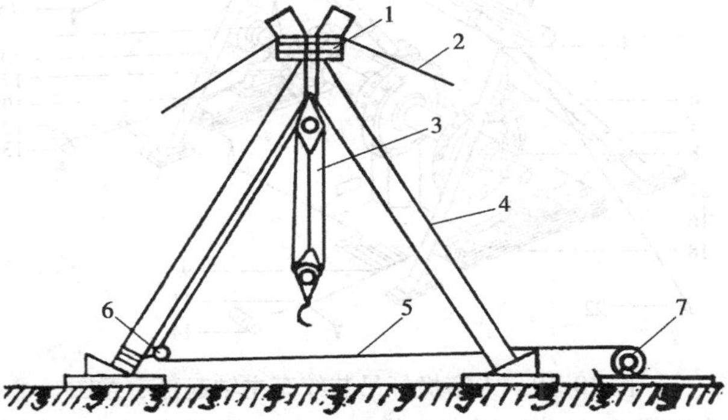

图 10.18　人字桅杆

1—捆扎钢丝绳；2—风缆绳；3—滑车组；

4—立杆（钢管或圆木）；5—牵引钢丝绳；6—导向滑轮；7 —绞车

表 10.14　人字桅杆的性能及有关资料

桅杆起重量/t	桅杆高度/m	无缝钢管桅杆		圆木桅杆		风绳钢绳直径/mm	滑车组				绞车起重量/t
		钢管直径/mm	长度/m	圆木直径/mm	长度/m		起重钢绳直径/mm	起重绳套/mm	滑车门数		
									定滑车	动滑车	
3	6.0	108×6	9.0	160	9.0	15.5	12.5	24	2	1	1.5
4.5	6.0	108×6	9.0	160	9.0	15.5	15.5	24	2	1	2.0
6	7.0	159×8	10.0	200	10.0	17.5	17.5	28	2	1	3
10	7.0	159×8	11.0	200	11.0	17.5	19.5	32	3	2	3
20	8.0	219×8	12.0	300	12.0	19.5	21.5	43	3	3	5
30	8.0	245×10	12.0	360	12.0	19.5	21.5	63	5	4	5

无缝钢管人字桅杆具有体轻、使用方便等优点，它在矿山设备安装中广为应用，现举例说明如何选用人字桅杆：

要安装一台矿井提升机，主轴的重量为 10 t，用 3 t 绞车起吊，人字桅杆采用无缝钢管，起吊高度为 7 m，问如何选用人字桅杆？

从表 10.13 中可查出：无缝钢管人字桅杆应选择 ϕ159×8、长度为 11 m 的钢管，风缆钢丝绳直径选用 17.5 mm，起重钢丝绳选用 ϕ19.5 mm，起吊钢绳套选用 ϕ32 mm，滑车组选用 3 门定滑车、2 门动滑车组成的复式滑车。

起吊工具的架设如图 10.19 所示，故需选用 4 根 ϕ159 mm 的无缝钢管作为立杆，用 ϕ12 mm 钢绳捆绑 1，2 两组人字桅杆，将桅杆放置在绞车主轴轴承座 18，19 的两侧，桅杆四根腿处用木楔子 21 固定好，为了安装工人工作方便起见，在两组人字桅杆上架设一根横木 20，用两根 ϕ17.5 mm 的钢丝绳作为风缆绳 15，16，在两组人字桅杆上各挂设一个 10 t 的滑车组 5，6，上下用 ϕ32 mm 钢绳套将滑车组与主轴和桅杆连接起来，用 ϕ19.5 mm 钢丝绳作为绞车牵引绳，通过两组单滑车 11，12 将钢绳缠绕在两台 3 t 电动绞车 13，14 滚筒上。当电动绞车启动后，牵引钢丝绳往滚筒上缠绕，将主轴吊起。

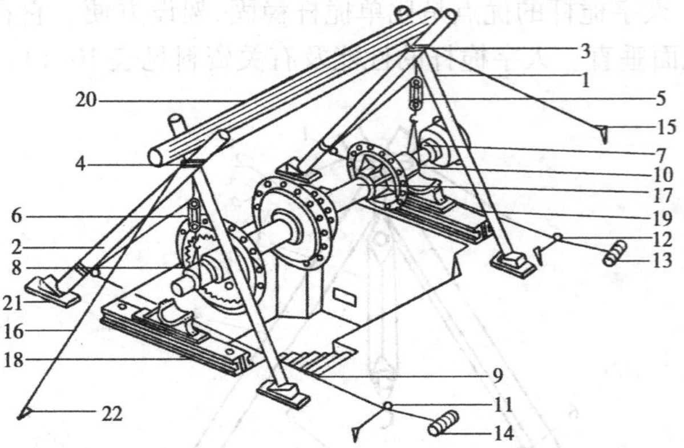

图 10.19　人字桅杆吊装绞车主轴起落示意图

1,2—人字架;3,4—捆绑桅杆钢绳;5,6—10 t 复滑车;7,8—ϕ32 钢绳套;

9,10—ϕ17.5 牵引钢丝绳;11,12—单滑车;13,14—3 吨电动绞车;

15,16—ϕ17 桅杆拖拉绳;17—主轴;18,19—主轴承座;20—木横梁;

21—桅杆固定底脚用木楔;22—拖拉绳地锚坑

问题思考

1. 常用的起重索具有哪几种?
2. 为什么麻绳只用来捆绑和起吊轻便设备,使用麻绳时应注意哪些事项?
3. 用一根亚麻绳起吊一个 628 kg 的重物,需要选用多粗的麻绳?
4. 绳索打扣法有哪几种,如何打结,各具有什么特点?
5. 滑轮直径为 350 mm 的三门滑车,没有标出起重量,问该滑轮的安全起重量为多少吨?
6. 液压式千斤顶的工作原理是什么? 千斤顶在使用中应注意哪些问题?
7. 手动链式起重机的工作原理是什么,它在使用中应注意哪些问题?
8. 电动绞车是怎样工作的,使用时应注意哪些问题?

学习情境 11

工程进度表的编制

任务导入

在施工进行前,必须要对整个工程进行规划,确定工程工期,并对工程的人力、物力等进行合理的安排,以保证工程顺利进行、按时完工。

学习目标

1. 能绘制网络图;
2. 能在网络图上计算时间参数;
3. 能根据网络图绘制工程进度表。

任务1　网络图的绘制

一、网络图

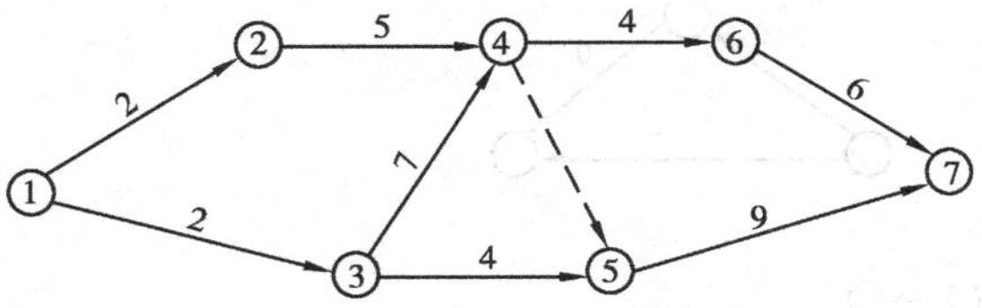

二、工序(工作、任务、活动、过程)

用→或○→○表示,箭头表示完工,箭尾表示开工。

1. 实工序:需占用时间;

2. 虚工序:假设的,用它来表示工序之间的逻辑关系,如上图的④ - -→⑤说明要在③→⑤,②→④,③→④完工后⑤→⑦才能开工,虚工序除用虚线外也可用实线,但须在上面注0,即$○\xrightarrow{0}○$;

3. 紧前工序:①→②是②→④的紧前工序;

4. 紧后工序:②→④是①→②的紧后工序。

三、事项(事件、节点、结点、接点)

它以圆圈表示,即不消耗时间也不消耗人力、物力,只表示开完工时间。事项又分紧前项和紧后项,最前的为原始事项(开工事项),最后的为完工事项。

四、路线

如上图:①:①→②→④→⑥→⑦　总时间 17

②:①→③→④→⑥→⑦　19

③:①→②→④→⑤→⑦　16

④:①→③→④→⑤→⑦　18

⑤:①→③→⑤→⑦　15

把时间最长的路线称为关键路线(如第 2 条)。

五、画图规则

1. 一个网络图只有一个总开始点,总结束点。

顺序:从左到右,从小到大,号可以连着排,也可跳着排,但不能重号。

2. 箭杆长度与时间无比例关系,箭杆应避免交叉,如避免不了采用:

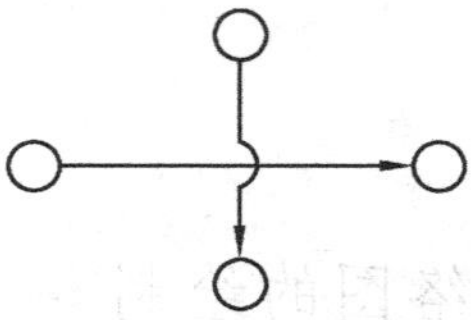

3. 顺序作业:

○→○→○→○→○

4. 平行作业:

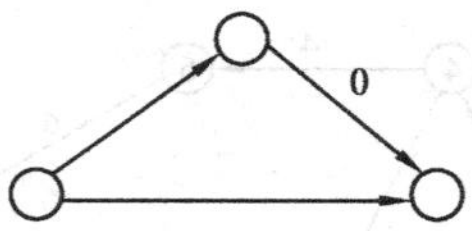

5. 平行交叉作业:

采煤○→○→○→○→○

↓　↓　↓　↓

移溜　○→○→○→○→○

↓　↓　↓　↓

移架　○→○→○→○→○

6. 零工序应用

六、网络图的时间参数计算

1. 计算工序时间：

肯定型：

$$T = H_{时}\frac{V}{N}$$

式中　$H_{时}$——时间定额（时间 / 工作量）；

N——同时工作的设备台数或人数；

V——工作量。

非肯定型：

$$T = \frac{a + 4m + b}{6}$$

式中　a ——工序的乐观估计时间；

b ——工序的保守估计时间；

m ——工序的把握估计时间。

2. 计算事项的最早时间（工期）

填在大方块内，顺着箭头算。

3. 计算事项的最迟时间（工期）

填在大方块下的大三角形内，应从尾开始，逆着箭头方向算，末项的最迟时间和最早时间一致。

4. 工序最早开工时间

5. 工序最早完工时间

工序最早完工时间 = 工序最早开工时间 + 工序时间

6. 工序最迟完工时间

7. 工序最迟开工时间

工序最迟开工时间 = 工序最迟完工时间 − 工序时间

8. 计算时差：

总时差：　$R_{(ij)} = T_{LS(ij)} - T_{ES(ij)}$

或　$R_{(ij)} = T_{LF(ij)} - T_{EF(ij)}$

式中　L——last；

E——early；

S——start；

F——finish。

将总时差填在单个三角形中，总时差为 0 的工序为关键工序。

七、网络图优化

调整关键路线，使时间在允许范围内。

任务2　工程进度表的编制

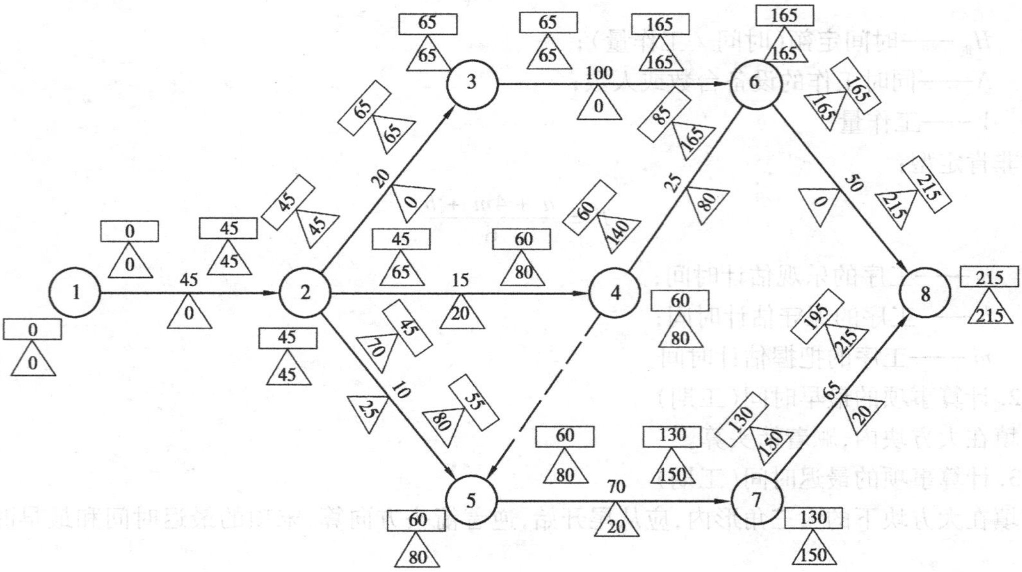

××工程工程进度表

工序	T	R	20　40　60　80　100　120　140　160　180　200　220	备 注
①　②	45	0		
②　③	20	0		
②　④	15	20		
②　⑤	10	25		
③　⑥	100	0		
④　⑥	25	80		
⑤　⑦	70	20		
⑥　⑧	50	0		
⑦　⑧	65	20		

问题思考

1. 虚工序的作用是什么？
2. 在下面网络图上计算时间参数。

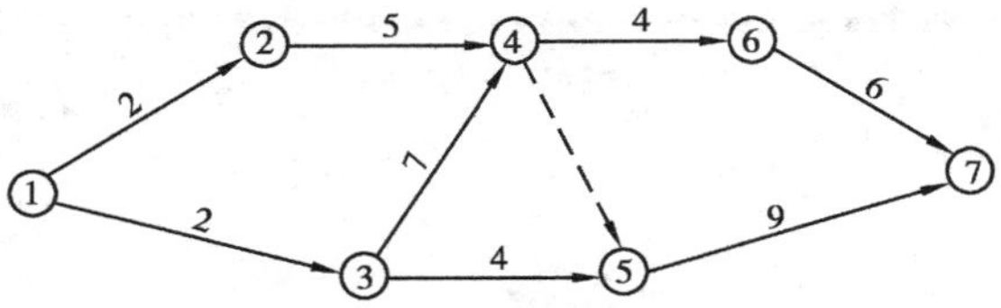

参考文献

[1] 齐殿有. 矿山固定机械安装工艺[M]. 北京:煤炭工业出版社,1986.
[2] 李凡. 设备安装地脚螺栓木模的制作[J]. 矿山机械,2001(11).